浪花朵朵

科学家写给孩子们

昆虫漫话

陶秉珍 著

贵州出版集团
贵州人民出版社

目 录

序   i

蜂

一 花蜂的社会生活   1
二 做百虫之王的胡蜂   5
三 惨杀同胞的胡蜂   9
四 钻木的熊蜂   11
五 泥蜂的建筑技术   13
六 奇妙的割叶蜂   16
七 棉花蜂和采松蜂   17
八 过寄生生活的小蜂   18
九 水栖的小蜂   21
十 蜂类的进步   23

蜜蜂

一 社会制度   25
二 巢房——六角形小房   26
三 蜜蜂中的三型——女王、雄蜂和工蜂   29
四 分蜂   32
五 信号   33
六 尾上针   35

蝶

一 食肉性的小灰蝶	38
二 奇妙的木叶蝶	42
三 有趣的粉蝶	44
四 蛱蝶	48
五 凤蝶	52
六 卵和幼虫	54
七 倒挂的蛹和长寿的蝶	57
八 神话和迷信	58
九 应用美翅的工艺品	59

蝉

一 种类和异名	61
二 蝉的一生	65
三 蝉歌	67
四 敌人	70
五 冬虫夏草	72
六 史话	73
七 蝉和蚁的寓言	74

萤

一 异名	77
二 种类	77
三 发生	79

四　奇妙的攻击法　　　　　　　81
　　五　萤火　　　　　　　　　　82
　　六　求婚　　　　　　　　　　84
　　七　轻罗小扇扑流萤　　　　　86

蚊

　　一　可怕的蚊　　　　　　　　88
　　二　常蚊和疟蚊　　　　　　　89
　　三　种类　　　　　　　　　　91
　　四　生活史　　　　　　　　　93
　　五　哼哼调　　　　　　　　　96
　　六　口器　　　　　　　　　　97
　　七　疟蚊和疟疾　　　　　　　100

蝇

　　一　吸血蝇　　　　　　　　　104
　　二　马蝇生活史　　　　　　　105
　　三　牛蝇和蚕蛆蝇　　　　　　108
　　四　寄生植物的蝇类　　　　　110
　　五　秽物蝇的种类　　　　　　111
　　六　家蝇生活史　　　　　　　113
　　七　舞蝇的结婚　　　　　　　115
　　八　琐谈两则　　　　　　　　117

蜻蜓

  一 种类 119
  二 适于飞翔的构造 124
  三 打箍和咬尾巴 126
  四 点水蜻蜓款款飞 126
  五 太古时代的大蜻蜓 128
  六 薄翅描花 129

蟋蟀

  一 异种类和异名 131
  二 形态 134
  三 翅和歌声 135
  四 巢穴 137
  五 产卵和孵化 139
  六 交尾和争斗 141
  七 促织经 143

蝗虫

  一 种类 146
  二 鸣声 149
  三 产卵 151
  四 从蝻到蝗 152
  五 蝗群 156
  六 治蝗 158
  七 几则蝗虫食谱 159

螳螂

一	异名和种类	161
二	幼虫和成虫	163
三	狩猎	164
四	同类相残的惨剧	166
五	轧拉轧拉吃丈夫	168
六	头被咬下还继续交尾	169
七	桑螵蛸	171
八	产卵	173

天牛

一	种类	176
二	散发芳香	179
三	幼虫	180
四	精美的化蛹房	183
五	一个小小的化学实验	186

蚤

一	种类	188
二	发育和寿命	191
三	口器	192
四	蚤和百斯笃	193
五	驱除法	196

蚁

一	蚁的社会组织	198
二	蚁巢	201
三	蚁的感觉	202
四	空中结婚	204
五	育儿	206
六	搬家	207
七	武器	209
八	同种间的战斗	211
九	异种间的战斗	215
十	犯罪	217
十一	畜牧	218
十二	农业	220
十三	奴隶	222
十四	贮蜜	225

序

全世界 70 万种动物内，昆虫占了 60 万种[1]。种类既这样繁多，对于我们的影响更属巨大：试看振翅枝头的蛱[2]蝶、高唱柳梢的新蝉，好像都是和平的舞手、歌人，谁知它们曾有过拦阻火车、大毁森林的行为；至于像疟蚊的传播疟疾，竟是促成罗马衰亡的一个因素，跳蚤的传播鼠疫，竟使欧洲人口减少四分之一，更是大家都知道的。

而且，在我们发明木材造纸的方法之前，胡蜂早已应用朽木制造马粪纸似的巢了；混凝土是较晚发明的建筑材料，但泥蜂造巢时早已能调制使用类似的材料了；蜜蜂能应用六角形的自然法则，造面积和材料最经济的巢。可见昆虫也颇有奇妙的才能。

至于像各尽所能、各取所需、没有懒汉、没有内乱的蜂群和列阵阶前、勇于公战的蚁群，更有不少可给人类社会取法的地方。

---

[1] 截至 2023 年，全球已描述的动物物种数量约为 150 万种，昆虫大约占 100 万种。——编者注（下同）

[2] 蛱：读作 jiá。

昆虫不仅种类繁多，对人类有重大影响，还具有奇妙的才能，而且它们的社会组织又有高出人类之处。所以研究昆虫，实在是一件必要而又有趣的事。

我在少年时代，常因接近昆虫而遇到种种奇象。例如：两只蜻蜓，各咬住了对方的尾巴，打了箍在空中飞翔；挂在树干上的蝉壳肢体俱全，恰恰少了翅膀；教科书上虽说蝇类是卵生的，但拍死一只麻蝇，偏偏满肚子是蛆。此外，像螳螂无头还会交尾，蚁类行动如有号令等种种现象，都使我产生疑问。我知道你们在游玩时，也常有和昆虫接近的机会，也许同样会遇到这等奇象，产生这等疑问！所以本书除为引起你们研究昆虫的兴趣起见，把关于昆虫的新鲜记述做简单的介绍外，对于这些现象，都想给它们一种合理的解释。

昆虫的名字，大部分用我国固有的——包括现代和古昔。一部分是根据象形或会意而创造的新名，像竹竿豆娘、三角蟋蟀等。此外一小部分，仍用音译法。

本书的主要参考书是 Jean-Henri Fabre 著的 *Souvenirs Entomologiques: études sur l'instinct et les moeurs des insectes* (dix series)[1]，以及日本松村松年著的《昆虫物语》

---

[1] 即法国昆虫学家、文学家法布尔创作的长篇生物学著作《昆虫记》，共十卷。

和《虫的社会生活》等。本书的体裁方面，好友贾祖璋兄，曾有许多指示。一并书此致谢。

秉珍

一九三五年八月于日本东京

蜂

一 花蜂的社会生活

昆虫里面，比蜂更有趣的，大概找不到吧！它们不单种类繁多，而且所过的生活也是千差万别：有的隐居泥中，有的高栖树梢，有的随波漂浮，有的寄生虫体；有的孤栖，有的群居。现在只把常见的和有特色的几种来大略讲一讲。

一阳来复，我们散步郊原时，常有嗡嗡之声从远方传来。这声音和报春鸟的啼声一般，使人知道春已到临，听了十分畅快。春天最早开的是梅花、山茶。到这些花上来的，就是蜜蜂和花蜂。

花蜂中，有翅膀暗灰色的花蜂，生着橙黄色长毛的虎花蜂，大型而腹部有黄毛带的大花蜂，全身密生着黑色长毛的黑花蜂，以及胸腹部密生黄灰色毛的黄花蜂等种类。它们都过着和蜜蜂相似的社会生活。

早春三月，花蜂已从它们的越冬处出来，这时，只为了疗治自己的饥渴，拼命采蜜。一到四、五月里就着手造巢，并且替孩子们贮藏花粉和花蜜。它们造巢的地方毫无一定，有时竟会利用现成的鼠穴，再开一条长长的隧道通到地面。

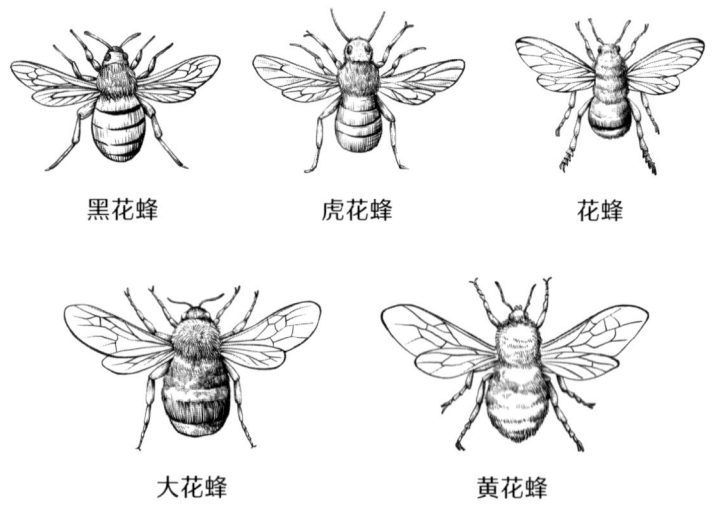

黑花蜂　　　虎花蜂　　　花蜂

大花蜂　　　黄花蜂

它们的巢不是同蜜蜂的那样有好多层，因为它们分泌的蜡，比蜜蜂的要柔软得多。

蜜蜂社会中，有生殖能力的叫作女王，但在花蜂社会里，女王这个名称略显不适当，应该称为母蜂。为什么呢？因为它和人类一样发挥母爱。起初只有它一只，自己造巢，自己到野外去采集花蜜、花粉，作为将来自己孩子的食物。它产卵（是受了精而越冬的），保护孵化出来的孩子，再看着这些孩子羽化，飞出巢去。但蜜蜂的女王不过是一种产卵机器，不发挥养育孩子、保护孩子的母爱。

母蜂造巢时，像前面说过的那样，通常利用废弃的鼠穴，将草梗、叶片、苔藓等咬碎，混入树脂和蜡液，在里面造巢房。它造巢之前，先到郊外去，用后脚采集花粉，用蜜囊吸收花蜜；带回来后，先扫落花粉，再和入吐出来的花蜜滚成团子——这是未来孩子们的食料。这些团子造成之后，母蜂就环绕团子造一间小室，在里面产下十二三粒卵。不久，又从腹部分泌蜡液，将这巢房（小室）的顶封住，同时再分泌蜡质，造一个薄薄的壶作贮藏花蜜用。这壶的直径约2厘米，深约4厘米，放在巢房附近。母蜂对于花蜜的贮藏非常注意，因为那是风雨之际的粮食。

巢房造成后，母蜂就静静伏在上面，使卵受热孵化。这时它总面向着巢口，留心外敌的入侵，简直和鸟类等高等动物的孵卵丝毫无二。

卵经四天左右而孵化，幼虫会各自吃那些团子，将它们蛀得七洞八穿。当粮食吃尽起了恐慌时，母蜂便再到野外去采集花粉、花蜜，回来后在巢房的盖上咬穿一孔，将花粉或稍稍流动的花粉、花蜜混合物，从这小孔丢落到巢房里。它不采集花粉、花蜜时，就伏在巢房上，使孩子得到温热。这时它若觉得饥饿，便把口器插入蜜壶内，吸食之前贮藏的蜜。经过一个月左右，孩子已成工蜂，能够帮助母亲采集花粉、花蜜，蜜壶就丢掉不用了。花蜂的蜜，比蜜蜂的要稀薄些。

花蜂的幼虫白色无足，头部特别大。孵化后，再经六七天，幼虫会吐丝造成坚固的纸似的茧，进而化蛹。巢房的中央微微凹陷，是母蜂曾经静伏着保护孩子的地方。假使孩子们虽然已经化蛹，但还需要暖气，那它依旧会伏在凹处，决不飞开。到了孵化的第二十二三天，幼蜂就出来了。这时，母亲还负保护之责，替它们将茧上的出口开得大些。第一次羽化出来的花蜂全是工蜂，比母蜂要小得多。这些工蜂一出来，母蜂便把采集花粉、花蜜的任务交给它们，自己再另造巢房产卵。此后陆续产生的也全是工蜂，直到中夏，母蜂方产下将来可成雄蜂和母蜂的卵。

秋天，母蜂衰老，工蜂就代替产卵，但全系雄卵，所以这巢不久就要消亡了。秋季，我们看到的大花蜂多是母蜂。雄蜂虽也常有看到，但比母蜂稍小，略带黑色，尾端没有毒刺，很容易分辨的。雄蜂虽在野外吸食种种花蜜度日，但早霜一降便一命呜呼，工蜂不久也会死亡，留下的只有将来可做母蜂的、生殖器官发达的女蜂。

地中的巢格外大些，有时包含约170只雄蜂、560只女蜂、180只工蜂。但是地上巢中的蜂数较少，大概只有一半。一只越冬的母蜂，子孙往往会增加到三四百只。蜂群的兴衰受气候的影响不小：在亚热带地区，花蜂无须冬眠，可以持续不断地经营社会生活；反之，在北极寒冷地方，花蜂冬季都过独栖生活。

花蜂最大的敌人，便是要偷蜜吃和咬破育儿巢房的野鼠。所以除气候外，对蜂群影响最大的便是这地方野鼠的多少。达尔文曾经用猫和苜蓿的关系来说明生物界的关联生活，而花蜂也是其中的一环。现在只讲个大概来结束这节：

苜蓿花的受精结实全靠花蜂的媒介，花蜂的繁殖又常受野鼠的妨害，而侵害花蜂的野鼠又会被猫捕食，繁殖上大受限制。所以喜欢养猫的村庄，往往苜蓿最能繁殖。

二 做百虫之王的胡蜂

胡蜂性凶猛，不论蝶、蛾、青虫等，若在它们身边，便任意杀戮，不妨称之为百虫之王。胡蜂种类很多，最普遍的是全身生黄褐色毛的黄胡蜂，拖着两条长腿的长脚蜂，腹部有黄色细条的纹胡蜂和翅膀暗褐色、全身黑色的黑胡蜂等。

胡蜂造巢的地点，有地下和地上的不同。像大胡蜂和黑胡蜂都造在地下，长脚蜂和纹胡蜂则造在地上的树枝间，地下的巢多呈片状，枝间的巢都呈球形。

春天，常见胡蜂飞到屋里来，这是它们在找寻宅地。地点一找定后，若是枝间巢，便在枝上造一个坚固的柄；若是地下巢，便用它坚硬的大颚先将地面的木片、细枝、草屑、小石等扫除净尽，再开掘下去，遇到树根之类的，便将它咬断，也做上一个强韧的柄。这些是造巢的准备工作。

它再去寻得枯树或朽栅，用大颚啮下几片，嚼碎，混入

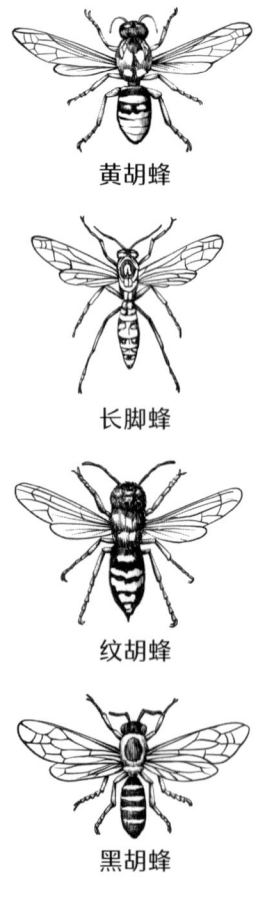

黄胡蜂

长脚蜂

纹胡蜂

黑胡蜂

唾液，于是便成制纸工厂中的木浆了——可见在我们发明用木材造纸之先，蜂早已在实行。它将木浆运回，在柄周围一涂再涂，涂成一张薄片，这就是巢的基础。

木浆用完后，它再飞到原处重新咬嚼木片，制得新木浆运回，在薄片中央做成四间下垂的房；又赶忙在这四间新建的房里各产一粒卵，再做一个伞状的盖来罩住全巢，下方开一个出入口。此后不绝地将木浆运向巢中，在四房的周围挨次建造许多房，当这薄片铺满时，第一层房屋便已告成了。造巢于地下的，出巢时常把泥屑带出，可见是一面掘穴，一面把巢扩大的。而且它们的巢不分层次，只管向四周扩张，呈一片状。胡蜂的巢房不像蜜蜂的那样悬挂，而是水平地排列，换句话说，蜜蜂的建筑是垂直式的，胡蜂的建筑是水平式的。

当巢扩得还不算十分大时，当初产在四房中的卵已经孵化，此时，胡蜂就放下建筑工程，替孩子们到野外去采集食物。才刚孵化的幼虫小得很，所以食料也只是些软嫩的蚜虫、青虫等，胡蜂会先将它们咬碎做成团子，才给幼虫吃。房口虽然向下，但因为有一种胶质物将幼虫的尾端粘住，所以不会落到地面。

女王一面养育孩子，一面增加房屋，顺便产下新卵。孩子一天天大起来，所要的食物更多，女王就不管是什么昆虫，看到便捉，运回巢后嚼成肉酱给孩子吃。有趣的是，它们也常常光顾牛肉店和猪肉店，弄得伙计们手忙脚乱。胡蜂学会吃牛肉、猪肉，还是近几年的事。起初，它们大概是为了捕捉群集在肉上的家蝇和肉蝇而到店里来的，偶然间发现美味的牛肉、猪肉，知道鲜肉养分很多，最适宜于喂养孩子，于是捕蝇的益虫，变为掠夺鲜肉的害虫了。

巢中有二十多间房造成时，第一批幼虫已经老熟[①]，用自己吐出来的丝封住房口，贴里面再造一层盖，于是，这房就成藏蛹的茧了。孩子一旦造茧，母亲就不再放在心上，只努力于养育别的孩子和建造新巢房。

此后再过十天到十二天，最初孵化的四条幼虫就已化蛹成工蜂了。当羽化时，这年轻的蜂能够自己咬破茧盖，不必母亲帮助。这四只工蜂一出来，女王当然欢喜得不得了，因

[①] 老熟：昆虫学术语，指幼虫已完成其大部分生长发育过程，即将进入下一个生命阶段。

为它不必再到野外去替孩子们采集食料,一切由这几只工蜂负责。

女王自己所建造的,只有起初的二十多间房,到工蜂一出来,便咬破巢的外套,将巢扩大。同时,又在巢的中央,向下方建造一根称为中轴的柱,在末端造三四间房,再逐渐在周围增添,于是第二层房子又告成了。再把中轴延长,建造第三层、第四层的巢房。大的胡蜂巢竟有五十层之多,简直和纽约的摩天大楼相差无几了。在中央的一层面积最大,上面有三四千间房。这些房在夏季,至少是三次——有时五次——做孩子的摇篮。羽化的蜂一出来,别的工蜂便把房盖和蛹壳扫除,让女王再去产卵。产卵的顺序是从中央到外侧,再回到中央。

黄胡蜂的巢

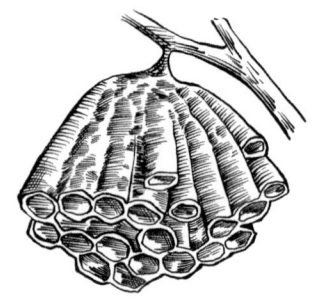

长脚蜂的巢

到秋季将近，最下两层上便有几间大型的房造起来。这些房的盖常呈球形，不像工蜂房那样是扁平的。这房里藏着将来成女王的幼虫和成雄蜂的幼虫。前者因得到富于养分的食物变成女王，为传种的基础，和蜜蜂丝毫无异。这时，巢的外罩恰呈倒立的花瓶形，有八九张纸这样厚，这是几千只工蜂共同建造的。

长脚蜂的巢虽也造在枝间，但只一层，而且没有外罩，这是我们常能在灌木丛看到的。

三　惨杀同胞的胡蜂

在烈日炎炎的夏天，工蜂为了养幼虫和女王，仍旧急急忙忙地在巢口进进出出。除狂风暴雨的时候外，它们从早到晚不眠不休地操作。到夏末秋初，枝头果熟，便吸收果中汁液来饲养幼虫。

早霜初降，便是胡蜂的丧钟响了。它们不像蜜蜂那样藏了粮食过冬，而且巢也单薄，经不起风吹霜压，所以除了全巢覆没，委实没有第二条路。可是就在这时，它们还要上演几幕杀戮同胞的惨剧呢！

秋季，天气一冷，女王便停止产卵。工蜂会把已经相当大的幼虫拉出巢外，留出一定间隔，排成一行丢弃掉。这些幼虫都是能够变成维持这巢的有用的工蜂，但奇怪得很，一直受着工蜂周密保护和养育的幼虫，此刻便无罪无过地被杀戮了。因为一个巢里至少有6,000只工蜂，气候渐冷，采粮不易，便起恐慌。于是，工蜂知道巢里的幼虫到底无法养大，便好像得到某种命令似的，大胆地杀害起婴儿来。这时，全巢大混乱，毫无秩序可言，新出来的工蜂口衔了幼虫往外拉，老工蜂只茫然地看着。

也许有人要这样想：既然同归于尽，倒不如留在巢里好，何必一定要拉到巢外再加杀戮呢？这不是太残忍了吗？其实工蜂不知道什么叫残忍，什么叫慈悲，它们的一切行动，都受维持种族这一原则支配。这时，将来做女王的雌蜂快要羽化，让幼虫在巢内腐败很是不好，所以必须把巢内扫除干净。一到秋末，新女王和雄蜂出来，这时老女王早已死去，连遗骸都没处找。

胡蜂的女王，和蜜蜂、白蚁的女王不同，不和别巢的雄蜂交尾，只在巢内或巢边和同巢的雄蜂交尾。不久雄蜂也死去，女王寻得枯树的空洞，或别的暖和而隐蔽的地方越冬，这时它们常把木片、树皮、草屑等紧紧咬住。我们在九、十月里看到的胡蜂，有不少是雄蜂；十一月里看到的，大半是准备越冬的女王。

此外，胡蜂还有几种特别的习性，就在这里顺便说一说。

胡蜂有好清洁的习性，常用前肢拂除身上的尘埃，所以寄生在它们身上的细菌很少。当胡蜂从巢孔出来,要向野外飞去时,必定在自己巢上打旋,起初是小圈,逐渐放大,最后向自己的目的地一溜烟飞去了。这种回旋飞翔,无非是怕回来时遗忘了自己的家,所以特意看定某种标识,记在脑子里。回来时恰恰和出去时相反,由大圆圈逐渐缩小,直至巢孔。它们的巢,起初不过同鸡蛋那么大,慢慢地扩大,到中秋将近时,已变成直径2尺①多了。

四　钻木的熊蜂②

春风乍起,雌雄熊蜂就从越冬场所出来了。熊蜂形状和花蜂相似,身躯硕大,体毛不多,全身黑色,只胸部背面现黄色,所以一看就能分别。这蜂还有一点和花蜂不同,就是雌雄两种都能越冬。

熊蜂

---

① 尺:长度单位,1尺约等于33.33厘米。
② 本篇所描述的,疑为木蜂。

它们常常在木材上钻洞、造巢，所以又叫作木匠蜂。钻洞时，枯木又比活树容易些，所以它们总拣森林中的枯木，决不去加害活树。可是，有时飞到我们家里，在栋、梁、柱、栅等上面胡乱钻洞造巢，那就变成大害虫了。温带地方这蜂不多，还没有什么大害。若到印度、爪哇这等热带地方去，看了它们的成绩，真要吃惊。竟有一段小小的梁木上，被这蜂钻了三四十个洞。若狂风一起，这屋当然要倾倒。不仅家内的梁柱，有时连郊外的电杆和篱柱上都有它们的"战果"。

熊蜂钻洞时，总是用它的大颚。锯屑纷纷落下，在地上堆积得高高的。这洞实际是一种隧道，直径5分[①]左右，斜斜地横着，稍稍进去，又折而向上或向下，达到1尺或1尺5寸时，再变更方向，一径钻通背面。它再用唾液调制锯屑，在离入口约1寸处，做一隔板，产下一卵，周围再放些可做幼虫食料的花粉团子，这是第一室，常在穴口。接着再隔第二室，照样产卵。一条隧道，大概隔成十几间小室，全做孩子们的安全摇篮。

这里就有问题要发生了：若里面的蛹先羽化成蜂，而近穴口的还是蛹或幼虫，它不会跑不出来吗？可是，母蜂早早留意到这点，所以它产卵必定从第一室起挨次上去，当它建

[①] 分：长度单位，10分等于1寸，1寸约为3.33厘米。

设到最后一间巢房而产卵时，第一室的幼虫已经头向着下方而化蛹了。所以挨次孵化，挨次化蛹，挨次羽化为蜂，咬破隔板，循着同一条隧道而飞出，丝毫不会发生冲突。母亲替儿女们着想，真有这么周到啊！

五月里，藤花盛开，熊蜂也纷纷飞来，嗡嗡地在花间舞个不休，真是丽春的点缀。粗粗一看，它们身呈熊形，而且振翅发声，又像大胡蜂，不免使人害怕。其实它们是很平和的蜂，除非你去搅扰它们的巢穴，否则绝不会胡乱刺人。熊蜂不像花蜂那样组成团体，它们大多是孤独地生活的。

五 泥蜂的建筑技术

泥蜂大多是黑色而有黄纹的，又可分作腹柄细长的和不细长的两种，都要吸食伞形科等植物的花蜜，在石上、墙隅、枝上、树皮下等处用泥造巢。它们的巢，普遍同樱桃一般大，也有拳头大的。

蜾蠃[①]因为腹部呈酒瓶形，所以又叫酒瓶蜂，分布在中国、日本、欧洲等地方。它们造巢时，先衔了直径约 3 毫米的土块回来，用前脚仔细地涂，这时土块依旧用口衔着。这土块是已经用唾液润湿过的，所以一会儿巢底就涂成了。此

---

① 蜾蠃：读作 guǒ luǒ，是胡蜂总科下的一科。蜾蠃并非泥蜂的一种，但与其在生活习性上有许多共同之处。

蜾蠃和它的巢

后每隔四五分钟，它们会再衔土回来涂一次。待巢已造成三分之二时，便带一条被刺而麻醉的青虫飞来。这好像是早已预备好，放在近处的。

把青虫放进巢，蜾蠃再开始运土，一共费去三小时左右，一个石榴形的泥巢就筑成了。它们从顶上将尾插入产卵，经两三分钟产毕。卵是长椭圆形的，长约 3.5 毫米，宽约 1 毫米，带乳白色。真有趣，它们的卵竟用丝临空悬挂在巢内，这是因为巢内的青虫还未死，怕卵被它压破。产卵完毕后，它们会再去衔一块泥来，将孔塞住。卵不久会孵化成幼虫，吃青虫长大，作茧过冬。第二年初夏化蛹，再变为成虫，在巢边穿孔而出。

研究泥蜂造巢，真是一件有趣味的事。它们不但会选择土块，而且同我们造混凝土时一样，里面竟也混些石子。造巢用的土，大概是从坚硬结实的道路边和很干燥的高地上运来的。它们最喜欢的是砂岩土，石山上的土片也是常被利用的。因为泥土若不是十分干燥，即使混入多少唾液，也不会像混凝土般凝固，当连着几天降雨时，就有崩坏的危险了。

它们所混入的沙粒和小石，形状和质地当然不同，有的球形，有的多角，有的是石灰质，有的是石英质，但重量和大小相差无几，当真使人很难不惊叫起来。巢的内部，怕幼虫被砸碰，竭力做得平滑，若有突起处，再用练泥一涂。进出口呈喇叭状的突出，这部分竟全用"水泥"构成。它们在人类制造水泥之前，早已利用"水泥"造"混凝土"了。而且，这样圆顶的巢一般是五六个连排着建造的，因为壁面可互相利用，时间和劳力都比较经济。

法布尔认定，泥蜂的巢至少已有把工程美术化的倾向。这巢是它们孩子的保护所、城堡，照理只要牢固，不要美化。但是，出入口做成喇叭形，对于巢的保全上，又有什么作用呢？无非是一种装饰。而且这美术的曲线，这希腊式的优美壶口，简直像由技工旋盘造成的。它们嵌在上面的透明石英也是晶莹悦目，有时还在巢顶加上一个小蜗牛的脱壳，这又和我们在器具上嵌螺钿有什么差异呢？它们这种行为，和澳大利亚所产的园丁鸟用蜗牛壳、美丽的种子、石子来装饰它们的游戏场很相像。

六　奇妙的割叶蜂[①]

蔷薇和梨树的叶子，有时边上被挖去一大块，这就是割叶蜂的"战果"。割叶蜂是体现黑色、胸部密生黄褐毛、翅紫蓝色、脚黑色的中型蜂。它们常常从植物的叶上割取圆形或椭圆形的片，衔回来做巢里的衬垫和隔板，所以有这样一个名字。

割叶蜂

它们筑巢，先在树木的干中或泥里开一条长约 1 分米的隧道，有时也会利用柳树中天牛的空巢。再飞到蔷薇树、梨树等的叶上，捉住叶缘，用大颚像剪纸般剪下圆圆的一片，运回巢去。最先割来的叶片最大，稍呈椭圆形，在洞口附近将它做成圆筒状的袋，一直推到洞底。再去割三四片来（稍小，呈圆形），挨次垫在圆筒形袋子的里面。然后，它再飞向花间，采集花粉和花蜜，带回来加工成花粉团子，塞在这

[①] 又称切叶蜂。

叶片筒里。再产一粒卵,最后割取一片叶片做这圆筒的盖,就大功告成了。

此后,再在第一房的上面同样地建造第二房,有时八房、十房呈一直线地连接着,也有各房分开建造的。卵孵化后,幼虫就吃替它贮藏的花粉团子,经过两星期左右吐丝作茧,化蛹越冬,待来春再羽化为成虫。奇妙的是,割叶蜂所贮藏的食料,恰恰足够养大一条幼虫。

七　棉花蜂和采松蜂

花蜂里面有一种叫十纹花蜂,黑色的身躯,上面有十条黄纹,雄的尾端有几根锐利的突起。这种蜂产在暖地,六、七月里,常集在唇形科和豆科植物的花上。欧洲产的,常用棉絮似的植物纤维做巢盖,所以又有棉花蜂之称。它们发现适于造巢的地方后,就从附近的植物上咬取棉絮似的物质,用脚抱着回巢——这是衬垫筒状房用的。这些絮状物质,多是从水苏、撒尔维亚[①]和矢车菊等植物的叶上啮取的。它们还怕絮状物轻易松动,所以又钻入絮状物中,用黏液将其固定在巢底。巢造成后就贮藏食料,产下一粒卵,再用同样的絮状物塞住孔口。

[①] 一种唇形科鼠尾草属多年生草本植物。

比加刺蜂是欧洲产的一种割叶蜂，有衔取松叶遮盖内有巢房的蜗牛壳的习性，所以又可叫作采松蜂。当它们发现可以造巢的蜗牛壳时，便去衔取比自己身子长好多倍的松叶来，前后左右密密地将蜗牛壳盖住——松叶之数，一般为20根至30根。造巢的准备工作完成后（大约费去一个半小时），它们再飞到野外，衔取蒿、苔藓等来，和卵以及将来幼虫要吃的食料一同放在壳内。第一个巢完成后，它们再照样经营第二、第三个巢。

八　过寄生生活的小蜂

蝶在娇艳的花上飞翔，青虫在鲜绿的叶间匍匐，谁都认为这是一种悠闲平和的生活。但这只是表面的观察，其实它们时时受寄生蜂这种可怕的敌人的威胁，能够终其天年的很少。

寄生蜂种类极多，若调查起来，仅我国也有几千种吧！形体微小，常人不大留意，若明白了它们寄生生活的巧妙，谁也不禁要打个寒噤吧！

寄生蜂中，有的专寄生于种种昆虫的卵，有的是幼虫，有的是蛹和成虫。寄生于卵的蜂，多是寄生蜂中最微细的。寄生于稻的害虫二化螟虫卵中的赤眼蜂，体长只0.5毫米。它们飞到产在稻叶上的二化螟虫的卵块上来，用产卵管刺入卵中，各产一粒椭圆形的卵。不久孵化成幼虫，吃螟卵的内容物而长大，约经一星期化蛹，这时卵的内容物差不多已经吃完了。再过两三天，蛹化为成虫，咬一个洞向外界飞出。因为它能够吃螟虫的卵，所以我们人类倒认为它是益虫。

再把寄生于昆虫幼虫的蜂来说一说。诸位总也见过吧，专吃菜叶的青虫身上，往往有许多黄色椭圆形的茧附着，这是青虫小茧蜂的茧。这蜂用产卵管向青虫体内产进近乎椭圆形的卵。卵孵化成幼虫，吃宿主的血液、脂肪长大，老熟后，咬穿青虫的皮肤而外出，吐丝作茧，再化为成虫飞出。寄生在琉璃蛱蝶的幼虫上的小茧蜂，多是许多茧堆积起来，上面再盖棉絮似的东西。

寄生于蛹的寄生蜂中，最常见的要算黄脚膜子小蜂。它们的后脚粗而有黄纹，常常产卵在毛虫和粉蝶的蛹内。介壳虫是果树的大害虫，但也因种种寄生蜂的寄生，不能任意繁殖。

琉璃蛱蝶

寄生于成虫的寄生蜂比较少，像害菜类的甲虫身上，也有属于小茧蜂科的寄生蜂。这蜂将产卵管刺入成虫体内产卵，幼虫老熟后从肛门出来，钻入泥中作茧化蛹。

寄生蜂的成虫，在野外吃花蜜、花粉，以及蚜虫和介壳虫所分泌的蜜汁过活。有的用产卵管刺宿主而吸食宿主的体液。交尾后，雌的便探寻宿主产卵，但也有未经交尾就产卵的。受精卵能产生雌雄蜂，未受精的卵，大都只产雄蜂，也有只产雌蜂的。这事实，在遗传学者眼里是一种好材料。

昆虫常因种种寄生蜂的寄生而死灭，上面已经讲过。所以能够杀戮害虫的寄生蜂，在我们看来要算益虫，那自是不用说了。近来有利用寄生蜂来驱除害虫的地方，当新害虫从国外输入而蔓衍各地的时候，赶忙从原产地去运些寄生蜂来，收效尤其显著。像美国偶然从欧洲带进了一种栗类的毛虫，大大地繁殖，后来再从欧洲采运许多寄生蜂，因而逐渐消灭。日本九州曾从中国带去一种名叫刺粉虱的橘类害虫，后来由意大利昆虫学家西尔韦斯特里博士，从广州带了些微细的寄生蜂到九州去，现在这害虫就几乎绝迹。日本农林省因二化螟虫猖獗，特地派人到中国、东南亚等地方调查寄生蜂，结果发现一种卵寄生蜂和一种幼虫寄生蜂，现正在努力研究利用。

九　水栖的小蜂

寄生在水栖昆虫身体里的蜂也不少，现在拣比较有趣的两三种来简单地介绍一下。

欧洲西部有一种属于小蜂科的寄生蜂，是寄生在水栖昆虫的卵中的。那位英国有名的昆虫学者拉伯克，有一天在研究淡水中的虾类和别的水栖动物时，发现一种微小的蜂正活泼地和那几种动物一起游泳，大吃一惊。这种蜂在伦敦很少，但柏林附近及德国北部是很多的。体长只2厘[①]左右，用长长的脚巧妙地游泳。雄蜂有小小的鳞状前翅，雌蜂翅上有一个柄，宛同树叶。翅的前缘密生毡毛，后翅很细，变成丝状。它们寄生在水栖椿象的卵上，有时在别种水栖昆虫的卵上也要寄生。据苦纳克的调查，一粒仰泳椿的卵上，竟有24只小蜂。

日本也有属于小蜂科的水栖蜂，是体长半厘米光景的黑色小蜂，但棱状部有向后的锐齿，所以很容易和别种区别开来。雌蜂有短的产卵管，前翅有三条褐纹。天气晴朗的时候，成群在河面沟畔飞翔。这时，已受精的就潜入水中搜寻宿主。它们很细心地沿着水草茎，深深地钻到水底，有时竟有十分钟之久，方才上来。

[①] 厘：长度单位，尺的千分之一，1厘约等于0.0333333厘米。

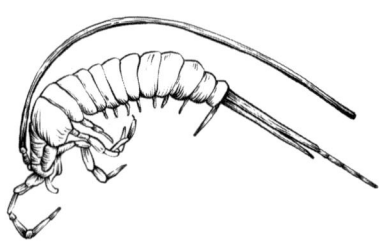

水栖蜂的幼虫

　　石蛾的幼虫（石蚕），在水底用小石造了筒状的巢，在里面生活，自以为是不怕外敌侵入的最安全的住所。可是，这种水栖蜂深深地潜入水中，将产卵管插入它们的体中产卵。幼虫孵化后，先吃它生活上最无关紧要的部分，所以宿主仍旧不死。有时，这宿主不管有寄生虫在里面，为了自己要化蛹，就把巢口封闭起来。可是，终究为寄生虫所毙。

　　水栖蜂的幼虫完全长成后，将宿主的残骸推到一边，在那儿造茧化蛹。茧上还有一根细细的管——这是露出水面呼吸空气用的。这种细管对水栖蜂来说是非常重要的，若将它拉断，那么这蜂永远不能到水上来了。

　　岸旁原有许多毛虫、青虫，它们偏偏要潜入水中，将卵产在躲进坚牢石筒中的石蚕身上。这种寄生本能，不是很奇怪吗？而且母蜂把卵产入石蚕体中后，不久便会死去，所以不论幼虫、成虫，都没有得到母亲指导的机会，但它们年年岁岁都循着同一轨道而进行，这不是更奇怪吗？

此外，还有一种属于卵蜂科的水栖蜂，是专寄生在蜻蜓的卵中的。它们的特征是翅呈丝状，前后两缘有长毛。雌蜂有短短的产卵管，触角的尖端呈棍棒状。它们身长平均0.5毫米左右，太小了，不用放大镜的话，只能见到暗色的一点，与那些纤毛虫和变形虫等单细胞动物差不多大小。可是，这渺小的身躯内竟具有和我们高等动物同样复杂的机关——脑、神经、眼、触角、肠，以及其他一切附属物，复杂的肌肉组织，呼吸器、生殖器等，统统齐全。我们不能不惊叹这自然的杰作。

十　蜂类的进步

昆虫的本能，向来被认为是循着一定轨道不会变化的。可是最近，在蜂类中已有种种变化发生了。

南美和中美有一种无刺蜂，本来是吸食花蜜、花粉的，现在竟要吸食煤油了。它们常集在臭气扑鼻的黑色柏油和重油的罐上，一心一意、津津有味地吸食。这种热心状况，和普通蜜蜂集在花朵上吸蜜采粉丝毫无异。据休白兹博士的报告，当煤油罐旁有油流出来时，即使旁边放一只富于糖分的香蕉，它们也绝不一顾，专心集在煤油上。有时竟为了要独占煤油，和别巢的蜂拼命斗争。

煤油是近几十年来才发现的东西，不是这种蜂向来吃的食物，这是很明显的。那么这种现象该怎样解释呢？这种蜂原是采集植物的树脂、新芽中的蜡，现在发现利用煤油中的蜡质物，时间和劳力都要经济得多，于是，就停止向植物采蜡，专来吃煤油了。为了节省时间和劳力，即使这样恶臭扑鼻，它们也毫不厌恶。动物的本能真是与时俱进。

胡蜂的食物本来以小虫为主，有时吃点果实和树液，现在竟要盗食牛肉、猪肉，这在前面已经说过了。胡蜂为了吸食蜂蜜，常集在巢箱上盗蜜，有时会捕捉门口守卫的工蜂。这些事在杂食性的胡蜂身上原不算什么，到肉店里偷鲜肉吃，却是最近才有的事。

昆虫是只依本能而活动，被一定的轨道束缚着的——这样认定的人，是万万想不到蜂会吸食煤油和偷鲜肉吃的啊！

蜜蜂

一 社会制度

历来诗人文士歌咏蜜蜂的美文诗歌已颇不少,但是,所记载的多出自悬揣臆测,相去事实很远。现在研究逐渐进步,回想十几年前关于蜜蜂的知识,真觉何等幼稚。何况现今未能说明的蜜蜂的神秘行动,还有许多依然存在。

蜜蜂的社会中,没有指导者、支配者,也没有命令者,是一个以母性为中心的氏族社会,是一个平等的共产团体。各成员都知道分别执行自己的任务而毫无错误。它们从朝到晚,不休不歇地在花间徘徊,搜集花粉和花蜜。这并不是由于某人的命令,不过是大家为了要维持这共同的巢和种族而自动努力。①

在蜜蜂社会中占最多数的,是生殖器官发育不完全的女性,叫作工蜂。工蜂中一部分到野外去采集花粉、花蜜,一部分留在巢里——有的将同伴带回来的花粉从后肢上扫落;有的造巢;有的到小河边去运水;有的调制孩子和女王的食

---

① 蜂王虽然不会有意识地"指挥"工蜂,但会分泌信息素来维持蜂群秩序。

料；有的拍着两翅，将新鲜空气送到巢里去；有的站在门口做守卫，有什么外敌侵入，便拼命御敌。春季，巢内除女王外全是工蜂。一到夏季，便有比工蜂稍大的雄蜂出现。雄蜂在白天虽也常常到巢外愉快地飞翔，但它们毫不采集花粉、花蜜，所以又被叫作懒汉。此外，巢内还有最大的一只蜂——女王，是这巢的母亲。巢中几万只蜂，都是这蜂产下的同胞。

从前大都是这样想：蜜蜂社会是一切居民在一只女王专制的支配之下的。可是，现在仔细研究，这女王绝不是专制的，它从来不曾下过什么命令，也不曾有过什么压迫举动。它不过是一架产卵机器，是一个由工蜂造成的机器人。这社会的运行全依赖工蜂，连对女王的生杀之权也操在全体工蜂手中。

二 巢房——六角形小房

蜜蜂的巢，野生的大都造在大树的空洞里，饲养的在人造的巢箱中。但巢房的构造完全一样，各房都是六角形的小房，排列得整整齐齐，看了真叫人吃惊。现在我们要研究的：第一是巢房用的什么材料，从哪里得来；第二是为什么造成六角形。

巢房的材料，从前大家都以为也是从花里采来的，近来才明白这些蜡性物质，是它们自己腹面第四、五、六、七环节上的四对蜡腺分泌的。这蜡腺表面是薄板，下面有一排分泌细胞。当造巢时，年轻的工蜂先吃了许多蜜，集合在巢的天花板上。经过18小时至24小时，腹面的蜡腺便有蜡液分泌。这些分泌液一碰到空气就凝成薄片，和透明的云母片相似。它们将这薄片衔在口里，混入酸性的唾液，炼成一种软膏似的物质，这就是造巢房的材料。这种蜂蜡，不论在扩展性方面，在强韧性方面，还是在耐热性方面，几乎没有可以和它相比拟的东西。

我们去看一看蜂巢的内部，更是要吃惊。从顶部挂下好多片巢脾①，直延到稍离底处，各片间都相隔1厘米左右的空隙。巢脾的两面，排列着用薄薄的蜡壁隔开的六角形小房。

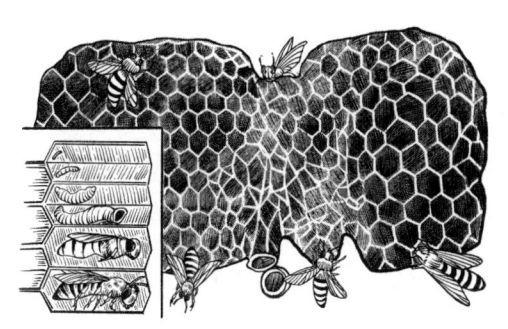

蜂巢（左下角为蜜蜂发育的顺序）

---

① 巢脾：蜜蜂用自身分泌的蜂蜡建造的板状结构，是蜂巢的基本组成单位。

各面小房都是底和底相接，房底稍呈三棱形。这巢房的构造，在材料、面积、重量方面，都是最经济的，除此之外，大概也没有更好的理想建筑物了吧！

六角形的构造是一种自然法则。凡圆筒形的物体，左右前后受压时，它的截断面就呈六角形。所以有些人说，蜜蜂造六角形巢房，用不着大惊小怪，这无非是机械地相互干涉的结果，并不是构造者的本领。如果我们把许多小小的粉团满满地装进瓶内，使它们互相挤压，也都变成六角形了。可是，瓶内的粉团原是各各分开的，所以有互相干涉的机会，蜜蜂六角形的巢却是连成一片，不能互相干涉。我们试把蜜蜂正在构造的六角形巢房，仔细观察一下吧！它们造巢的第一步是房底，四周已呈六边形，以便上面再树立隔离各室的六块壁板，可见构造者的头脑里，起初就有六角形的意识了。

那么，这小小的蜜蜂，为什么要造六角形的巢房呢？真难明白。难道它们起初是造圆筒形的巢房，后来发现种种不合理，逐渐改进，才达到现在这样完全的境地吗？还是因为六角形有可以完全相密接的优势，而且容积又和圆筒形差不多，所以采用的吗？总之，我们现在看了这种蜜蜂根据六角形法则造巢的能力，觉得除本能之外，它们也许有近乎理性的某种性能。从前以为人类以外的动物，都是依本能而活动，没有理性和智性的。这种假说，实在什么根据都没有。

本能和智性，智性和理性之间，并没有很清楚的界限。

三　蜜蜂中的三型——女王、雄蜂和工蜂

蜜蜂女王所产的卵只有一种，但由卵产生的蜂，倒有将来做女王的雌蜂、生殖器官发育不完全的工蜂和被称为"懒汉"的雄蜂三种。同一种卵能产生三种不同的蜂，从前人们认为这很神秘，现在已稍稍明白它的缘由，这里且大略地说明一下。

女王产卵的房有三种：一是工蜂房，小型，最多；一是雄蜂房，比工蜂房稍大；还有一种被称为王台，面积要比别的房大上几倍。女王产卵时，是有意地应了房的大小分别产卵呢，还是无意识地随意将卵产在这些房里呢？奇妙的是：产在雄蜂房里的卵，必定生雄蜂；产在工蜂房里的卵，必定生工蜂。这样看来，不能不认为女王是有意识地分别产卵。

可是，王台中的卵和工蜂房中的卵，委实丝毫无异。试把卵交换一下便立刻知道：将原本在王台中的卵移到工蜂房

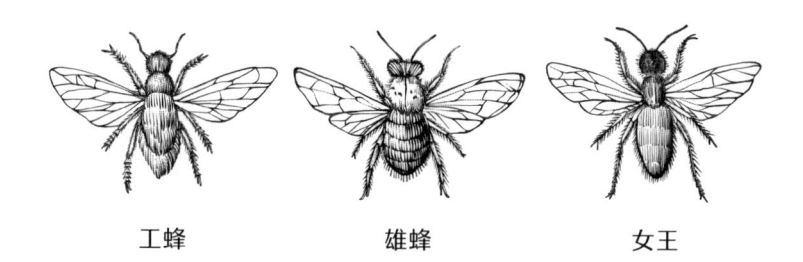

工蜂　　　　　雄蜂　　　　　女王

中，孵化出来必成工蜂；移入王台中的工蜂卵，孵化出来必成女王。可见同一粒卵，因工蜂的不同处理，有的成女王，有的成工蜂。

在工蜂房中的幼虫，孵化后仅前三天能吃上蜂王浆，之后就改吃花粉与蜂蜜的混合物；将来可成女王的幼虫，则可以一直享用蜂王浆。它得到充分的营养，不但生殖器官发达了，形体方面也和工蜂大有差异：工蜂身躯短，腹端圆，颚上没有齿，舌也短。可是女王呢，身躯长，腹端呈圆锥形，大颚上有齿，舌也长。而且女王腹面没有蜡腺，脚上没有采取花粉用的花粉篮。女王的毒刺弯曲而长，工蜂的刺短且直。它的颜色也和工蜂不同，带暗色而有光泽。

此外，还可由种种实验证明，女王和工蜂的差别只由食物的多少、房屋的大小决定——凡孵化后未到三天的工蜂幼虫，也可使它变成女王。

可是要成雄蜂的卵，和要成女王、工蜂的卵不同，是一种未受精的卵。因为不论是受精的卵，还是未受精的卵，都是从同一产卵管产下的，所以它们好像是降到输卵管时才受精的。若交尾时全部卵都已受精了，那么不应该还有雄蜂卵。女王的交尾口和产卵口完全分在两处，精子先在受精囊里贮藏着，等卵下降到输卵管时再行受精，这是蜂类的通性。

近代的爱德华博士，对于蜜蜂的产卵，做了下面这样的说明：

蜜蜂也和别的昆虫同样，不愿与血统相近的同胞交尾。同巢中的雄蜂，与女王毫无交涉，不论巢内巢外，决不交尾。未受精的新女王向空中飞出时，为了要记忆自己的巢，必定在上空绕飞好多回，待发现可做标识的某物后，便箭一般飞去，出发恋爱旅行了。见到周围飞翔最快而又最强健的别巢雄蜂，就和它交尾，不久，回到自己巢里来，像上面所说的这样产卵。

女王从雄蜂处受得的精子，贮在受精囊里，不入卵巢，所以它的卵还全是未受精的。女王在三种房中产卵时，因房的大小不同，腹端屈曲的程度也不同。当女王将尾端插入小房中产卵时，因为狭隘，当然受到一种挤压，腹部收缩，精子便流出而受精；反之，在宽大的雄蜂房中产卵时，毫不受挤压，腹部不起收缩，同平时一样精子不流出，因此产下的便是将来成雄蜂的、未受精的卵。

如果问一句：那么王台不是更宽大，更不会使它受到挤压吗？为什么它也收缩腹部，使精液流出，而产下可成女王的受精卵呢？这除说明它见了王台，会有意识地产下受精卵之外，也没有什么其他理由可讲。

四　分蜂

蜜蜂社会，从春初起，女王和工蜂就努力地繁殖子孙。女王像上面所说那样，在各房里产下卵后，工蜂便负起养护的责任，用称为蜂王浆的一种浓厚蜜汁喂饲幼虫。待幼虫充分长成，工蜂使用蜡质物将房口封闭。于是，幼虫在里面吐丝、造茧、化蛹，不久羽化为蜂。一到夏季，女王产卵就特别起劲，每天产两千多枚也并不算稀奇。高峰期一昼夜可产重量等于身体两倍的卵，所以居民数量的增加非常迅速。到了有翅居民充满巢内，而巢又无法再扩充时，便开始分蜂了。

分蜂时，一巢大约有三万到十万的工蜂。移动的命令一下，至少有一半工蜂伴着旧女王，一同从门口飞出。将要移动的蜂，正同发疯一般嗡嗡发声，连花粉、花蜜都不去采了；但将来留在旧巢的蜂，好像毫不知有分蜂这回事一样，依旧平静地忠实服务。那么，应该留在旧巢的蜂和可以跟着分蜂的蜂，有什么区别点吗？这是现在还无法说明的奇异现象。不过在分蜂前，先有许多探子出发，大概是要把女王带到最安全的地方。

蜜蜂社会中，如果没有新女王，是不能经营新社会的，而新女王在旧巢中产生，又正是要分蜂的时候，所以新女王即使已经充分长成，也不许它轻易出房，门口特地设一守卫，提防新女王逃出。

分蜂最适宜的气候一到，旧女王便带了一半工蜂出发旅行，另筑新巢。留在旧巢的新女王便从房中出来，等到天气晴朗，飞出空中，和别巢的雄蜂交尾，受精回巢，成为完全的女王，像前面所说的那样起劲产卵。留在巢房里的另外几只新女王，大都被先出的女王所杀，但也有带了一部分工蜂而再分蜂的。

这分蜂的团体，有时停留在树干上或篱笆间，集成直径约1尺的一团。这样经过几小时，方才向远方飞去，寻得枯木的空洞等，在那里造巢，免得和旧巢的同胞做生存竞争。

五 信号

蜜蜂的嗅觉很灵敏，它们不仅能依香寻花，若把别巢的女王或工蜂放进巢里，全巢必起骚乱，因为嗅得它们有各异的气味。而且女王身上有一种腺体，不绝地分泌汁液散发香气。巢中是否有女王，也能从嗅觉辨知。此外，巢内起某种变异时，工蜂所发的嗡嗡之声，各巢都有各异的音色。这些气味和鸣声就是蜜蜂社会的信号，使各工蜂采蜜回来时，不至于误入别巢。可是蜜蜂还有神妙的地方，简直使人这样怀疑：难道蜂群中有一种语言吗？

工蜂发现了某种花，采了许多蜜回来时，巢中同伴必定立刻接二连三地出发。而出发的只数，又完全以彼处蜜量的多少为准，绝不会在必要以上。这时，便有两个疑问产生了：第一，工蜂怎样知道该出发的只数？第二，工蜂怎样把新花所在地告知同伴，还是说引导它们去呢？弗里希教授曾经做过一次试验：在工蜂身上涂一种颜料做记号，同时把蜜汁或其他蜂爱吃的食物放在一定场所，这有记号的工蜂回到巢里来时将有什么举动，一一留意看着。他由这试验，居然解决了上面两个疑问。

　　工蜂吸收了大量的蜜汁回来时，就在巢房内跳一种回旋舞。在它附近的工蜂看到这种回旋舞，知道已找到蜜量很多的花，都赶忙飞向野外。反之，若某工蜂只采得少量蜜回来，它并不跳舞，别的工蜂也不外出。换一句话，这回旋舞是一种信号，是通知同伴已发现蜜量很多的花时用的。

　　工蜂怎样把新花所在地通知同伴呢？从前大家以为，是寻得这花的工蜂把同伴带了去。其实，别的工蜂不等发现者引导，便立刻飞出巢外搜寻。可是，这种搜寻并不是毫无根据的瞎撞乱碰，它们是有依据的。

　　发现者得蜜归巢时，体毛上必定带着这花所有的香气。它在巢内跳舞时，使这种香气散发，而且别的工蜂也爬到这发现者跟前来辨认这香气。它们是以这种香气为目标，到处热心访求的。可是，花里面也有许多没有香气的，那么它们又拿什么做目标？这种质问当然会有。最近有一种有趣的发现：蜜蜂有一种能够伸缩的分泌腺，开口在尾端附近，这分泌腺所散发的香气，即使我们人的嗅觉都闻得出，对蜜蜂来说当然更容易辨认。某工蜂发现含有大量蜜汁的花时，一面采集花蜜，一面将自身固有的香气从分泌口散发。所以不管这花有香无香，工蜂自己的香气已经散发在这花上，别的同伴当然能够立刻寻得。①

若雨天连续，花已飘零，出去采食的蜂也少。可是，到天气再晴朗，有新的花朵开放，从这花归来的工蜂又在巢内作回旋舞时，巢内便骚然了。工蜂们决不会再停留在巢中，统统向这花飞去。

六　尾上针

我们若走近蜂巢，想看看它们造巢的情形，往往要中暗箭的。被刺的部分立刻红肿，和浸到热水里一般疼痛。被这般小小的蜂放了一针，却这等疼痛难忍，真叫人不信。

我们若用布片包了手，捉一只蜜蜂来，在肚子上面轻轻

---

① 蜜蜂主要依靠舞蹈语言来传递花朵的信息：当花朵较近时，跳圆圈舞；当花朵较远时，跳摆尾舞（"8"字舞）。本段文字中所述，蜜蜂在采蜜时身体沾上花香，或分泌香气（实为信息素）散发到花朵上，则主要起到辅助定位的作用。

挤压，便有如发一般细的褐色锐针从尾尖出来，这就是蜜蜂防敌用的武器，保护自身的短剑。平常尖端收藏在身体中的鞘内，到危险迫身时突然放出。

倘若蜜蜂的针只不过尖锐罢了，那么即使被刺，也不会感到怎样疼痛。我们觉得痛，是因为针上带有毒汁。试挤压它的腹部，那么从尾尖出来的针头上会有清水似的液体，这就是惹起疼痛的毒汁。

蜂是个吝啬鬼，刺螫时出来的毒汁不过一些些，可是藏在身体里的却很多，出来的只不过几十分之一。仿佛是准备不论哪时立刻可用似的，这种毒汁满满地藏在针根的小囊里。当用针刺时，这囊一缩，便有一些毒汁沿着针上的小沟流出，同时注入伤口。

贮藏这种毒汁的囊，构造很有趣，所以想讲一讲。当挤压蜜蜂的腹面，针从尾端出来时，用镊子钳住慢慢地拉，那么针便被拔出，而且针根还有一粒小小的白囊跟了出来，这就是毒汁的囊——看看虽小，倒足够用几十回呢。而且一面用，一面制造新毒汁，所以囊里常常是满的。

放了刺的蜂，只怕有什么危险到来，所以赶忙逃走，有时连针也来不及拔，就这样留着飞去了。因为针尖有许多小钩，刺入皮肤后要拔出来，的确要费好些工夫。这时，不仅针，连内脏、毒囊都留下，所以蜂不久后便会死去。

被刺的人，当拔取留在伤口的针时，总去撮针根粗的部分。他们认为这是针根，其实是**毒囊**。这**毒囊**往往在指间挤破，贮在囊里的毒汁都沿针流入伤口，疼痛格外厉害。所以拔针时，必须撮住细的部分。

这般毒的东西，若去尝一滴，一定会痛得死去活来——谁都会这样想吧！其实，即使把毒汁放在舌头上，也并不会怎样，既不酸又不辣，完全同水一般。把它吞下去，之后也不会引发什么疾害。简单来说，虽叫作毒汁，但对于我们的消化道来说，危害并不大。

蝶

一　食肉性的小灰蝶

每当风和日丽、草长花放的时候，便有各种美丽的蝴蝶在枝头草上翩跹飞舞，报告你春已到临。其中，鼓着小小的青色翅膀徘徊于紫云英上的，便是小灰蝶。

它们好像不知道什么叫不安，什么叫压迫。有时雌雄相戏，追求生物共通的恋爱生活。雌蝶灰色，装饰并不鲜艳，雄蝶多是美丽的赤色、青色、紫色。

紫色小灰蝶是我国南方常见的，两翅张开仅36毫米左右。翅是黑色，只中央带紫色，翅的底面是灰褐色的，又有暗褐色的细纹。当两翅竖着时，简直和枯叶一般无二，它们借此瞒过雀类和杜鹃的眼，但又怕减少了认识异性的机会，所以不停开合翅膀，要露出表面的紫色来表示自己的存在。

紫色小灰蝶

乌小灰蝶两翅张开有 30 毫米左右。翅黑褐色，前翅的外缘附近有一带白色，底面是暗褐色，后翅有略呈 W 形的白色条纹，外缘有一条橙色纹。幼虫吃苹果等树的叶子，产在我国北方。

乌小灰蝶

燕小灰蝶是分布于全世界的普通种，但形态常因气候而有变更。两翅张开达 24 毫米。雄蝶翅蓝紫色，外缘黑色，缘毛白色，斑纹及后翅的尾状突起是黑色的。雌蝶全部黑色，但有橙黄色的斑点。

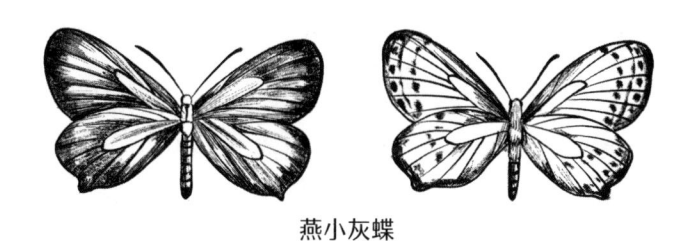

燕小灰蝶

全世界属于小灰蝶科的蝶类，已经知道的有 700 多种[①]。

[①] 目前全世界已有记载的小灰蝶科蝶类有 6,000 多种。

在我国的当然也不少,怕读者要感到乏味,不再一一列举,只把幼虫和蚁共栖的事实来大略一讲。

波纹小灰蝶翅青白色,是产在热带的豆科植物的害虫。它们的幼虫常被蚁围绕着。蚁一面头对头地挤着,一面用触角碰这幼虫,或轻轻地敲打它们的腹部,仿佛我们的挠痒痒。于是,幼虫兴奋起来,便分泌一种甘露给蚁吃,因此,它们常受蚁的保护。有时我们竟能在蚁巢中看到这种幼虫。

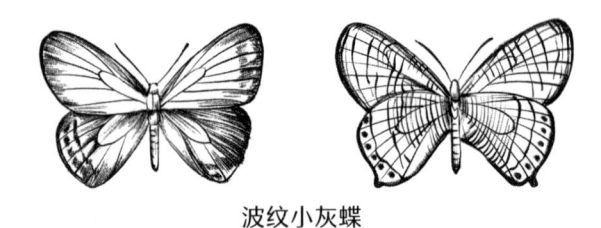

波纹小灰蝶

地中海沿岸有一种小灰蝶常成群飞翔,幼虫绿色扁平,要吃枣树的叶子,有时竟把全树吃得只剩光干。这些幼虫,必定有一种蚁跟着走。当幼虫成熟化蛹时,蚁便衔了搬运到自己的窠里去,用土盖着好好地保护。当蛹羽化成蝶时,也有因两翅不能展开而横倒的,蚁便赶忙跑去扶起。

蚁肯保护小灰蝶幼虫的理由,正如上面所说,因为它们能分泌甘露给蚁吃。幼虫的第七环节后缘中央有一条横沟,生着一种瘤状突起,这瘤状突起常分泌一种蚁爱吃的甘露。

蚁一发现这种小灰蝶的幼虫，便把以前很重视的蚜虫弃如敝屣，一齐集到这边来。奇怪的是，幼虫的第八环节，气门的后方还有两个管状突起。这有什么作用，现在还不知道。据独猛氏的主张，大概是散发某种香气，引诱蚁类用的。

但并不能说一切灰蝶的幼虫都是有利于蚁的。像印度所产的拟蛾大灰蝶，常产卵在工蚁的巢穴附近。从卵孵化的幼虫便潜入蚁巢中，捕食蚁的幼虫。它们与别的小灰蝶的幼虫同样，形状恰像蛞蝓，身子扁平，两侧有刃状物突出，而且背部和两侧都像甲壳般硬化，各环节的关节也看不清楚。只腹部中央是柔软的，但两侧也密生毡毛，能够避免蚁的攻击。它们的头部，即便被蚁咬住了，只需向坚牢的胸板下面那么一缩，蚁便无可奈何了。

蛹也在蚁巢中，奇异的是，由蛹羽化而出的小蝶，鳞毛很容易脱落。它们略略一动，鳞毛便像尘埃似的飞起。有时，蚁看见有蝶而去攻击，它们便使鳞毛纷纷脱落，自己安全地飞出巢外了。

像这样食肉性的蝶类幼虫，在小灰蝶中也不少：日本有捕食竹上蚜虫的棋子小灰蝶；台湾有不少白纹黑色小灰蝶的幼虫，身上盖了一层白蜡，会捕食介壳虫和别的昆虫；此外还有几种捕食蚜虫的小灰蝶。

棋子小灰蝶

二　奇妙的木叶蝶[①]

古人对于昆虫诞生的经过不大清楚，往往用种种臆测的化生说来说明，如"腐草化为萤"就是一个著名的例子。对于蝶，也同样硬说是树叶所化。《庄子·外篇·至乐》有云：

> 陵舄得郁栖则为乌足。乌足之根为蛴螬，其叶为胡蝶。[②]

在《北户录》中，更有一则不容忽视的记录：

> 公路南行，历悬藤峡，维舟饮水。睹岩侧有一木五彩，初谓丹青之树，因命童仆采之。顷获一枝，尚缀软蝶，凡二十余个。有翠绀缕者、金眼者、丁香眼者、紫

---

① 也叫枯叶蝶。
② 这句话的大意是：车前草获得粪土的滋养长成乌足，乌足的根变化成蛴螬，叶子变化成蝴蝶。陵舄（xì），车前草。郁栖，粪壤。乌足，古代的一种草名。蛴螬，读作qí cáo，金龟子的幼虫，以植物的根、茎为食，是地下害虫。

斑眼者、黑花者、黄白者、绯脉者、大如蝙蝠者、小如榆荚者。愚因登岸视，乃知木叶化焉。

峡以悬藤为名，是桂粤一带的风土，这一带正是出产木叶蝶的地方。所以这位段先生①看到的也许是木叶蝶，因形态和木叶一模一样，因此就发生了"木叶化焉"的误会。现在且把木叶蝶的形态和习性来讲一讲，证明我的推测也有几分合理。

木叶蝶

---

① 段公路，唐代学者，生卒年不详，著有《北户录》。

木叶蝶两翅张开有 66 至 90 毫米。翅的正面很美丽，是紫蓝色，前翅上还有一条橙色的阔带。底面却多是暗色，像浓褐、赤褐、黄褐等，全都是枯叶的颜色，还加上像木叶主脉、侧脉似的纹条，这主脉似的纹，还一直延长到后翅的末端，看起来更加像木叶了。更奇妙的是，这上面还有暗色的斑点散布着，好像枯叶上的霉斑，而且这些斑点的排列又毫不整齐。所以当它们竖着翅膀静止在枝头时，谁都要当枯叶看。日本昆虫学家松村松年曾采集了几十只木叶蝶，而斑纹、色彩无一雷同。所以《北户录》中要用什么翠绀缕、金眼、紫斑眼等来形容了。

当不必提防外敌的时候，它们便把翅不绝地开合，使同类知道自己在哪儿。万一瞒骗不过，而强敌已逼近时，便向森林的枯叶间落下，横卧在叶间，谁也辨认不出。

三　有趣的粉蝶

粉蝶科中的蝶类大都是中等体形，常常集在花上。有时，牛马的粪尿上、雨后的水潭上以及河边的沙砾上，也有它们的踪迹。体色多是白色，但也有黄色的。现在把有特征的几种说一说。

黑脉粉蝶两翅张开有 76 毫米左右，白色，是稍稍大型的蝶。翅也比较阔大，外缘和翅底是黑色，翅脉也是黑色。

粉蝶科里有黑翅脉的，只这一种。身子黑色，上面密生灰白色的毛。分布在欧洲、朝鲜和日本北海道。

本来粉蝶的幼虫，一般只生着短毛，这黑脉粉蝶的幼虫却生着比较长的体毛。它们在苹果树的枯叶内越冬，一到次年早春，便起劲食害苹果树的新芽。蛹是白色的，上面有黑纹和黄纹，经两周左右而羽化。这种蝶有一特点，就是当从蛹化蝶而外出时，从尾端渗出血一般的排泄物。这是蛹时代所分泌的尿液。当许多黑脉粉蝶一齐羽化时，往往将枝叶和地面染成鲜红，在德国就叫作"血雨"。从前迷信很盛的时代，德国人说这些是最美丽的血，是某人将遭横死的前兆。

黑脉粉蝶

云间黄裾蝶两翅张开有45毫米左右，翅白色，横脉上一点和翅端是黑色的。雄的前翅末端是橙黄色的，底面有灰绿色粗斑，当静止的时候恰像一种植物的叶子。后翅底面的斑纹和漫天飞行的灰色云块相似，所以有这样一个名字。雌蝶前翅的表面全是白色。其分布在中国、朝鲜、欧洲等地方。

卵起初是白色，后来出现橙色，到孵化前竟带紫色了。幼虫栖息在十字花科植物碎米荠的枝叶间，它们的形态和碎

云间黄裾蝶

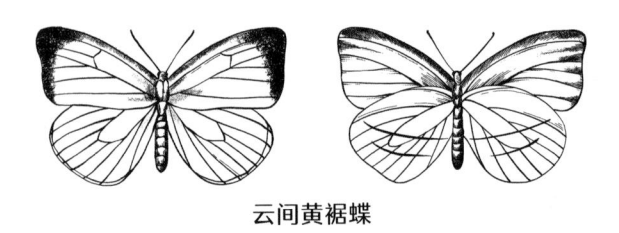

米荠的角果相似，它们淡色的亚背线和角果的缝线相当，而且保持着一定比例，跟着角果的长大而长大，所以要发现这种幼虫，的确相当困难。它们更喜欢吃种子，所以有种子的时候，是不吃荚的部分的。到了七月底，化成细长的褐色的蛹，就这样越冬，到第二年四、五月里羽化。有时竟忘却羽化，以蛹的状态睡 20 个月。

红裾粉蝶是比较大型而美丽的蝶，两翅张开有 100 毫米左右。翅苍白色，前缘暗褐色，翅端是美丽的赤橙色，中间还有四个暗黑色的斑点，雌的色彩较淡，呈黄色或暗灰色，后翅外缘暗色，各室有暗色纹。其分布在中国、印度、东南亚等地方，每年从四月起发生。虽到处都能看到，但它们飞翔迅速，难以捕获。

粉蝶是到处都有的、两翅张开约 50 毫米的白色蝶类。全翅底面的一半和正面的前缘灰白色，斑纹黑褐色。雌的比雄的大些，黑褐色的部分也较多，斑纹更明显。它们产卵时，为了避免弟兄们争夺食物，所以决不把两三百粒卵产在一起，而是向食草的叶背一粒一粒地产卵。卵孵化成绿色的幼虫，再过两三个星期，就变为 1 寸左右的青虫。于是它们离了食草，钻入篱边草丛中化蛹。再过一星期左右又成白蝶，在花间翩跹飞舞了。

这种蝶的幼虫，是十字花科蔬菜的大害虫。有好几种寄生蜂要寄生在它们身上，最常见的是一种小茧蜂。我们往

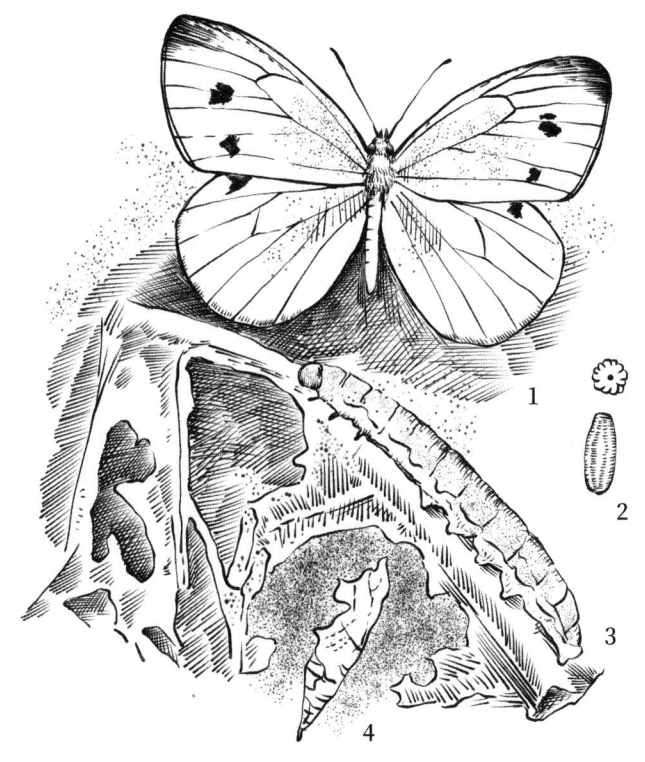

粉蝶的生活史：1. 成虫（雌）；2. 卵；3. 幼虫；4. 蛹。

往在粉蝶蛹的近旁，看到许多集合的白色小茧，这就是小茧蜂的幼虫从粉蝶的蛹内出来所化成的蛹。被这些寄生蜂和寄生虫杀害的青虫约占七成半，所以粉蝶不能十分肆无忌惮地繁殖。

有时这些寄生蜂类因某种缘由而不发生，适宜于粉蝶发生的天气又一天一天地继续着，它们便以非常迅速之势繁殖。奥地利曾有一次粉蝶泛滥，连火车都被阻住。陀鲁博士曾有关于这事的记载，将大要抄在下面吧：

> 从前粉蝶幼虫大发生的时候，有些植物都被吃尽了，它们成群到路上来，简直使我们不能通行。从蒲鲁尤市到蒲拉古市的火车竟因此停开，因为被轧死的青虫的体液使轮子空旋。听上去这好像是不能相信的话，其实我是目睹的。那些象啊，水牛啊，都不能阻止火车，而这样小小的青虫，竟能阻它行进。后来，在轮子上加了铁索，好不容易才照旧开驶。

四　蛱蝶

蛱蝶科中多是中等身材，常在花间往来，有时集在树枝上，有时在河边沙砾间徘徊。这科有一种应该特别说明的特征，就是前肢退化，爪缺失。属于蛱蝶科的，现在已经知道的，全世界共有 5,000 多种①。现在把这科内有特性的两三种蝶，简略地介绍一下。

小紫蛱蝶是两翅张开达 68 毫米左右、中型的美丽蝴蝶。雌蝶有橙黄色的翅，雄蝶的翅是黑褐色、中室是橙褐色，此外再加黑色、橙色及黑褐色的斑纹。有时雄蝶静止在柳叶上，夸耀似的将两翅开合不停，好像要以美色来引诱雌蝶。若鸟及其他动物靠近，则立刻竖起翅膀，做准备飞翔的姿势。它们翅上的黑褐色，能随太阳光线的方向变成各种紫色闪光，直到颇远处都能看到。虽没有人看见过这种蝶吸食花蜜，但知道它们也要舔食糖汁的。因为曾有某采集家用糖汁诱捕蛾类，而连这种蝶也捉得了。

小紫蛱蝶

那么它们究竟吃什么度日呢？答案是：好像是吸取树干的汁液，但最喜欢的还是动物的腐肉。猫、狗、鼬鼠等尸体的肉汁，是它们常食的佳肴。据哈蒙斯博士说，用臭气熏天的牛酪，可将这种小紫蛱蝶诱来。

---

① 截至 2025 年，该科已发布物种超过 6,000 种。

它们有时集在牛粪、马粪和别的兽粪上。若炎热的夏天，也有在森林中小河边喝水的。有时，静静地停在高高的树梢头，等待同类飞近。若雌雄相遇，就立刻飞起跟了去。我们若利用它们这种特性，以网引诱，倒可捕获许多。现在大都会附近，这种蝶逐渐减少。像伦敦、柏林、巴黎等地方，只能在博物馆看它们的标本，野生的很难遇到。它们的幼虫呈绿色，头部有两只长角，要吃柳树的叶子。

赤紫蛱蝶是热带和亚热带地区的蝶。我国南部一带常能看到。它们虽从东洋一直分布到非洲，但不论哪处，数目总是不多。这蝶有趣的地方，就是雌雄异形：雄蝶两翅张开只60毫米，但雌蝶却大得多，有90毫米左右；雄蝶是橙色的翅，上面散着白色的斑点，雌蝶是紫蓝色，前翅前缘及翅端的大半是黑色，斑纹是白色及黑色，脉和外缘也是黑色；雄蝶的色彩和斑纹大概相同，但雌蝶呢，即使是一母所生，色彩和斑纹也大大不同。这事却苦了采集家，有时竟错误加上各异的学名。

赤紫蛱蝶（雌）

它们的色彩斑纹这样变化，的确好像另外有某种理由，就是：这种雌蝶和一种桦纹斑蝶很相像，在野外看到，简直难以分别。若制成标本倒是容易辨别，桦纹斑蝶的雄蝶后翅有臭腺，而它们只有黑纹。桦纹斑蝶也是我国闽粤一带最常见的蝶，能渗出一种毒液，从各种动物的追击中逃出。而赤紫蛱蝶的雌蝶就模仿它们，也想同样逃出食肉性动物的虎口，这就是赤紫蛱蝶的色彩斑纹有种种变化的原因。它们的幼虫专吃一种杂草马齿苋的叶，所以倒是一种益虫呢！

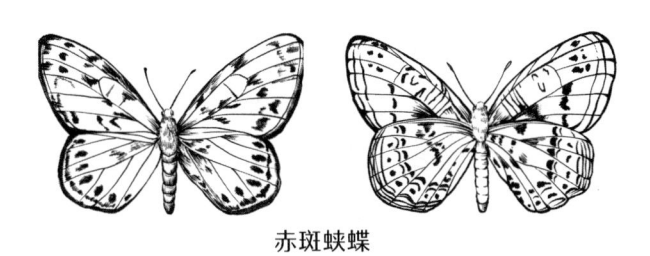

赤斑蛱蝶

赤斑蛱蝶是当春雪融净后，就在森林道上或飞或止的小蛱蝶，所以它们是蛱蝶中最早出来的一种。两翅张开有三四十毫米，翅黑色，分布在我国北部一带。

这种蛱蝶的特别点就是：它们的色彩斑纹，因生长时的温度高低而变化。这种蝶每年发生两回，四、五月里出现的，翅黑色，上面有橙色斑点散布着，这叫作春型；七、八月里出现的，翅全部黑色，上有八字形的白条，这叫作夏型。像这样变换色彩的，叫作季节二型。第一回蝶是由越冬的蛹所羽化，而这种蛹便是夏蝶所产的幼虫所化的。当初被它们的"换形术"瞒过，连采集家都认为是两种蝶，替它们各取了一个学名。

最初揭破这种"黑幕"，发现春型、夏型原来是同一种的人，是德国的道尔夫马矣斯台尔。那位有名的华斯蒙教授是这样说明的：春型是祖先型，而夏型是因气候变化而来的后得型。大概在冰河时代，这种蝶全是春型，后来冬季缩短，气候渐渐暖起来，夏型方才诞生。所以有一个有趣的实验：我们如果把应该成夏型的蛹捉来，放在冰箱里，那么它就化成春型了。反之，要将春型改成夏型，虽不是不可能，但流程比较麻烦。而且，还可由增减温度，人工地造出种种中间型的赤斑蛱蝶来。可见自然界是有种种变化的，至今还在不断地进行。

五 凤蝶

凤蝶，有凤子、凤车、鬼车等异名，形大色美，在蝶类中如百鸟中的凤凰，得到这样一个富丽堂皇的名字也是应当。关于凤蝶有一个神话，说是一对得到悲惨结局的恋人梁山伯与祝英台，死后魂化为凤蝶，依旧形影不离地在花间徘徊。有的就把黑凤蝶叫作梁山伯，把黄凤蝶叫作祝英台。属于凤蝶科的蝶，全世界共有600余种，现在就选两三种来讲一讲。

黑凤蝶是黑色种内最普通的一种，分布在我国中部、南部。两翅张开有 90 毫米到 120 毫米。前翅暗色，有两黑条；后翅是同天鹅一样的黑色，但环纹和弦月纹是橙色，尾状突起短而黑。雌的颜色淡些，比雄的更大。幼虫要吃橘树的叶，成虫则是吸花液，百合花、杜鹃花上尤其常见它们的踪迹。

黑凤蝶

凤蝶的有趣习性就是：有一定的会集场所。那边可什么吃的都没有，但某时期大家一定去聚一聚。大概因为到那边去更容易碰到异性吧！我们有时看见它们沿着高高的山脊飞行，这大概是赴会去的。只要把它们山顶会集的场所找到，便不论多少只都可以捉得了。台湾人常常把雌的黑凤蝶作为囮①，坐在河边，等待雄蝶飞来。这是利用它们强烈的性欲本能，可以毫不费事地捉得。有时黑凤蝶的会集场所设在河滩头——尤其是炎炎夏日，它们必定要到这里来喝水。这时，即使不用囮，如果肯耐着心等待，也可捉得许多凤蝶。

---

① 囮：读作 é，捕鸟时用来引诱同类鸟的鸟。

亚普罗薄翅白凤蝶产在欧洲山地，两翅张开有30毫米，翅污白色，有黑斑，后翅有很大的红斑。它们遇到胁迫时，便会装死落在地上。这时，即使用手去捉它，也毫不动弹，把它投掷开去，也毫无反应。若把它放在枝叶上去试试看，仍旧装着死腔，一动不动。要经过许久，再给它一种刺激，方才动起来。这也许是后得的一习性，因为装死来避免敌害，是动物的通性。

此外，这蝶还有一特别点：雌蝶的尾端有一卷状附属物。这究竟有什么用处呢？过去谁也不曾说明，最近据日本松村松年说，这卷状附属物，是交尾时雄蝶的分泌物，触空气而硬化的。所以这是受精的证据。这种附属物的形状和颜色各不相同，一般是白色，也有淡黄，也有灰白。

此外还有翅上有两重圆斑的蛇目蝶科，像小蛇目、黑蛇目等，以及小型而翅上多白色斑纹的弄蝶科，如茶弄蝶、一字弄蝶等，因为没有什么特点可说，也就省略了。

小蛇目蝶

六　卵和幼虫

谁都知道蝶是要经过几次变化才插上美丽的四翅，向空中翩跹作舞。所以这方面不再详说，只把各科的特点来介绍一下，以供采集时参考。

蝶类的卵，若用显微镜扩大了看，便知道有种种形状：凤蝶科的卵大概是球形，像珍珠般有光泽；粉蝶科的是细长的，而且像个酒瓶，有些上面还有纵襞[①]；蛱蝶科的卵，同珍珠结成的球一般，有纵襞和网孔状突起；小灰蝶科的，多呈大丽花形。

它们产卵时，以一粒一粒产为原则，但黄凤蝶及属于蛱蝶科的，是几粒几粒产的。至于附着卵的位置，更没有什么系统可言。像凤蝶科里，凤蝶是将卵附在将来的幼虫食料——如柑橘等树的叶子——表面，但黄凤蝶却一定要产在叶底面；粉蝶和黑筋蝶是产在叶底，而同属粉蝶科的黄纹蝶却要产在叶面；至于那有名的木叶蝶，偏偏不把卵直接产附在幼虫要吃的马蓝上面，却去产附在覆盖在马蓝上空的大树枝上，孵化的幼虫从树枝落下，恰巧落在马蓝的叶上。

蝶类的幼虫，我们常常叫它青虫或毛虫，构造和蚕一般无二。全身可分为头部及由十三环节构成的胸腹部，第一到第三环节各生着胸足一对；第六到第九，以及第十三各环节，都生着一对腹足。可是形状方面，真是千奇百怪。诸位

[①] 襞：读作 bì，肠、胃等器官上的褶皱。

大概都见过吃橘树和柚树叶子的橘虫吧！如果去碰它们一碰，立刻从第一环节的背面，叉叉地伸出两只黄色肉角，散发一种臭气——这就是凤蝶的幼虫啦。凤蝶科的幼虫统统有这样的肉角。

当凤蝶的幼虫从卵孵化出来的时候，并不是这样绿油油的。最初是褐色中夹着几块白斑，乍一看要错认作鸟粪。后来随着长大，才逐渐变化的。

粉蝶科的幼虫形状多平凡，身上生满微毛。蛱蝶科的幼虫，头部和胸腹部都有刺状的突起，所以通常叫它毛虫，不过这突起也因种类而有长短。小灰蝶科的幼虫都呈馒头状，把头部缩起来。

蝶类的幼虫，有许多都集在叶底吃叶的，但喜欢在叶面的也很多，而且还有些用丝攀住叶子，稳固地集在上面的。像蛱蝶科中的墨蝶等幼虫，当移向另一片叶时，常把头向左右，呈∞形地摆几摆，就挂上一根丝。此外像赤蛱蝶、黄蛱蝶和绿小灰蝶的幼虫，常将所吃植物的叶子用丝卷起来，或者将几片叶牵拢，自己住在里面。

蝶类幼虫不像蛾类幼虫那样，把全无类缘关系的多种植物都放进肚子里，而是只吃几种类缘极近的植物。类缘相近的蝶类幼虫又往往吃同一种的植物，像凤蝶科多吃柑橘类，纹白蝶科多吃十字花科植物，蛱蝶科的小紫蛱蝶和墨蝶多吃朴树的叶，蛇目蝶科的全部和弄蝶科中的多数，大多吃禾本科的叶子。小灰蝶科幼虫的食性稍稍和别的不同，像波纹小灰蝶、琉璃小灰蝶、小燕小灰蝶等的幼虫，喜欢吃花和嫩果。最特别的是棋子小灰蝶的幼虫，它要吃竹叶上的一种蚜虫。蝶类的幼虫大部分是吃植物的叶子，连蠹入髓部和吃贮藏谷类的都没有，这种食肉性的棋子小灰蝶，倒是放一异彩的。

七　倒挂的蛹和长寿的蝶

蝶类的蛹，大概多呈灰褐色和绿色，但形状方面却各不相同：像蛱蝶科、凤蝶科、粉蝶科、弄蝶科的蛹，前端常有长的突起；凤蝶科、蛱蝶科的蛹，有的身上有凹凸，有的有多处突起；小灰蝶科的蛹呈馒头形。关于蛹的色彩方面的有趣现象，是绿色的蛹多附在绿叶间，褐色的蛹多附在树干和墙脚上。动物适应的奇妙，真叫人惊叹。发生这种现象的原因，还不曾研究明白，大概是化蛹前受周围色彩的影响。

蝶类的蛹，大体都是不在茧里的，不过幼虫要卷叶，或要几片叶牵拢的种类，蛹也仍旧在这些里面——尤其是弄蝶科的，坚牢地将几片叶缀合，简直不妨说是茧。凤蝶科、粉蝶科、小灰蝶科、弄蝶科的蛹，用丝将尾端牢牢地附着在他物上，还绕着后胸或第一腹节部分，成束带状地络住；蛱蝶科、蛇目蝶科等，光把尾端固定，蛹却颠倒地挂着。所以前者叫作缢蛹，后者叫作悬蛹。

蝶类多在晴朗的昼间飞翔，但蛇目蝶科和弄蝶科中有几种，常常像飞蛾一般，夜间扑火飞来。就是昼飞的蝶，也各有一定的出现时间。例如绿色小灰蝶之类，常在清晨和傍晚出来，在高高的枝头群飞。它们喜欢飞翔的地方也是因种类而各异，多数爱在阳光照耀之处，但蛇目蝶科中，多喜在阳光照不到的阴地。

蝶类是比较长寿的，大概可活十多天或几十天。它们经历了许多危险和艰难，到最后，这美丽的双翅都被弄得碎纷纷——尤其是鸟类，总是瞄准了翅上的斑纹而啄，蝶就舍弃了这部分逃命。

八　神话和迷信

我国关于蝶的神话颇多，流传最广的，是上面讲过的梁山伯和祝英台——也有说蝶是韩凭夫妇化成的。此外，还有说是破衣服变成的，我就引一节广东《罗浮旧志》吧。

> 山有蝴蝶洞，在云峰岩下。古木丛生，四时出彩蝶。世传葛仙[①]遗衣所化。

[①] 指晋朝炼丹的仙人葛洪。

日本人把凤蝶科的带蛹，叫作缢虫（因为项间有带络着），因而产生一种神话。当元禄①年间，摄津国尼崎的城主青山大膳亮②家里，有一位家臣长，名叫木田玄蕃。有一天，他在进膳时，发现饭里有针，心想一定是烧饭的女婢阿菊有意要谋害他，就把她抛入井中。此后每到忌日，寺里总出现这种虫。

埃及人相信蝶的变态，就是人类灵魂历世升天的缩影。因为蛹活像木乃伊，而且把蝶作为奥西里斯神的象征。希腊、罗马又把蝶作为社夫鲁神的象征。

英国各地，有关于蝶的种种迷信，例如：见三蝶同飞，是将有死人的前兆；蝶入家中，主家族中将有人死亡——若是从窗口飞入的，那死的一定是幼儿；若停到你头上来，是特地给你送喜信；夏天能捉得第一次见到的蝶，将获得种种幸福。

九　应用美翅的工艺品

"豹死留皮"是一句很通俗的话。现在，蝶类死后也都留下一双美翅，供人们应用。最普遍的是从死蝶身上采来的美翅，就这样装在各种工艺品上，其中最美丽的，是用南

---

① 日本的年号之一，指1688年到1703年期间。

② 大膳亮：官职名。

美所产一种蝶的翅做的。那些青白色的翅，光泽同丝织品一般，而翅脉又恰恰像褶襞，所以把它作为妇人的长裾，配上头、胸、两臂，装入镜框而出卖的也有。还有装在戒指上，或嵌入玻璃内，作为耳环上的装饰。在日本，也有把蝶夹在两片玻璃中，做成花盆或茶杯的垫子而出卖的。

蝶类还有一种特性，就顺便在这里一说，作为全篇的结束。

我们知道，蝗虫是常要集成大群，远远地飞到别处去的。但蝶类也有这等群飞的特性——尤其是赤蛱蝶，常常有关于它们群飞的报告。从前非洲曾有一次赤蛱蝶大发生，竟遥遥飞渡地中海而到欧洲北部。据说冒着逆风，在大海上飞行的蝶，恰像池面飘舞的落叶一般，有时，它们也会在水面上停翅休息一下。

日本在昭和五年①八月二十一日那天，也有一字弄蝶的大群体，从近江的石山经过大阪，直到垂水洋面。听说一字弄蝶的大发生，是和水灾有相当关系的。

---

① 即1930年。

蝉

一　种类和异名

当春蝉传来几声轻快的调子，人们便会不知不觉地有一种飘飘然的春感，即使不曾看到花开蝶舞。油蝉从绿叶茂密的枝头传播它煎炸似的声音，我真仿佛自己也在油锅中煎炸。它不但来报告夏季已到，而且要用这种单纯尖高的调子，凭空增加许多炎热。听到如泣如诉的秋蝉歌声，往往要起一种凄清寂寞之感。如是诗人的话，便会写出带有"悲秋""秋感"等字眼的诗歌来。所以昆虫世界里，即使有许多出色的歌手和琴师，但能够从春到秋，轮流地用各种相应的声调，使人们凭着听觉便知道时令更迭的，除蝉之外，恐怕找不到吧。

《埤雅》上说："……为其变蜕而禅，故曰蝉。"这是它得到这样一个名字的原因。日本人叫它"背见"，因为两颗高高突起的大复眼，自己能够看得到自己的背脊。当晚春四月，蜜蜂正嗡嗡地在花丛中忙着时，春蝉便悠闲地在枝头开始唱歌了；接着而来临风高歌的，是蟪蛄、油蝉、茅蜩；到

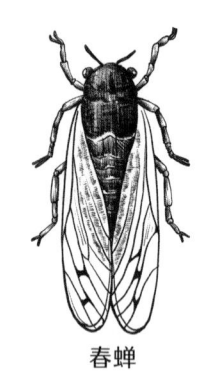

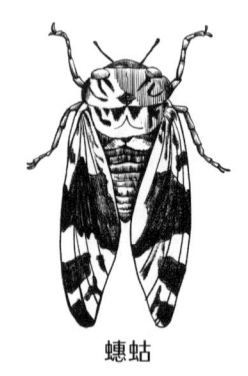

夏去秋来，更有多情寒蝉低唱别曲，做最后的点缀。① 现在就按着它们出场演奏的节目单，来逐一地介绍一下。

春蝉又名蟧母。《事物绀珠》上说："蟧母似蟚②而细，二月鸣。"其实要到四、五月里才出现。体长 27 毫米，两翅张开是 67 毫米，黑色而有金毛。腹瓣短小，灰白色，基部暗褐色。常在山中松林里"其——滑，其——滑"这样起劲地鸣叫。

蟪蛄的别名最多，《方言》中说，"齐谓之螇螰，楚谓之蟪蛄，或谓之蛉蛄，秦谓之蛥蚗，自关而东谓之虭蟧，或谓之蜓蟧，或谓之蜓蚞"③。更因为它是初夏才鸣，又名"夏蝉"，体形也较小，长约 23 毫米，两翅张开是 70 毫米左右，体阔而扁，呈黄绿色，上有黑纹，前翅有不透明的黑褐斑。七、八月里，从早到晚，不绝地在森林中用"尼——尼——"或"西——西——"的清越声

---

① 蟪蛄：读作 huì gū。蜩：读作 tiáo。螀：读作 jiāng。
② 蟚：读作 qín，古书上指一种形体较小的蝉。
③ 螇螰：读作 xī lù。蛉蛄：读作 líng gū。蛥蚗：读作 shé jué。虭蟧：读作 diāo liáo。蜓蟧：读作 tí liáo。蜓蚞：读作 tíng mù。

调歌唱。

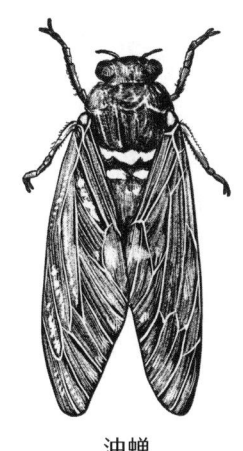

  油蝉是最常见的一种蝉，书上多称蜩，通俗就叫作蜘蟟或知了。体长36毫米，两翅张开有100多毫米。身体肥厚，现黑色，胸部略带点褐色，肚子上面还有一层白粉盖着。两只大复眼的中间，有红宝石似的三点单眼在发光。翅是褐色，但前翅的脉现绿色，而沿着翅脉的两边带些黑色，看上去恰似树皮。在七、八、九三月内，常常到人家附近，用"其——其——"这般单调而高的声音，从清早直叫到日落西山。

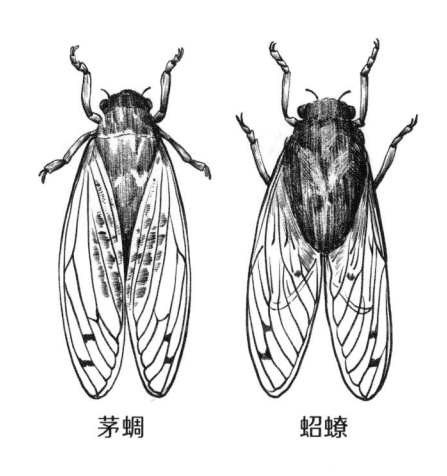

油蝉

  茅蜩身躯较小，雄长37毫米，雌长27毫米，体黄褐色，上有绿纹，腹瓣小，是带绿的黄白色。从七月到九月出现，每天早上或傍晚，常常唱着"加那加那——加那加那——"这样的简单曲调。同时期出现而又常常合奏的，还有一种

茅蜩　　蛁蟟

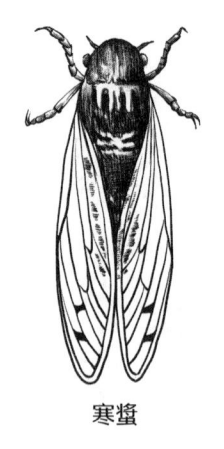

蛁蟟①。

寒螿

寒螿有寒蝉、秋蝉等别名。体长 27 毫米，两翅张开有 79 毫米，体细长而黑，头、胸部有黄绿纹。到了秋天，它就在人家附近用哀婉凄清的歌调，来致惜别之歌，所以古人常用什么"寒螿泣"的句子。据《埤雅》上说，寒蝉本来是哑的，得了寒露冷，方才能鸣。这就是"噤若寒蝉"这成语的根据，因此它又得了一个哑蝉的称呼。

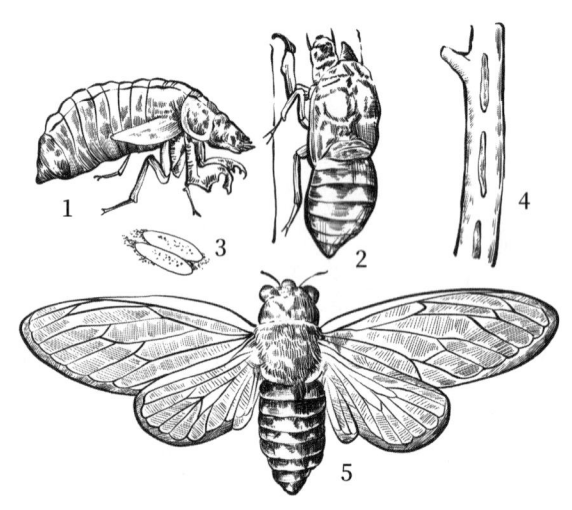

美国产十七年蝉的生活史：
1. 拟蛹；2. 蝉蜕；3. 卵；4. 产卵的树枝；5. 成虫。

---

① 蛁蟟：读作 diāo liáo。

此外还有美国的十七年蝉，和产在东南亚苏门答腊，两翅张开有 200 毫米以上，算全世界蝉类中最大的帝王蝉。

二　蝉的一生

雌蝉在出土后半月左右便着手产卵了：它用一支长的产卵针，斜斜地向树干插进去——这时，肚子一伸一缩，两刃穿孔锥静静地活动。到全部没入时，就伏着不动了。大约经过十分钟，产下一颗卵，又不愿使产卵针弯曲似的将它缓缓拉出。于是用两刃穿孔锥开的洞，又自己闭合了。接着，产第二粒卵的工作又开始了。

大蝉的卵同白象牙般莹润，两端略略尖细，呈纺锤状，各卵排成一线；小蝉的卵相较要小些，排成整齐的几行。到了九月底，这种象牙般莹润的白色变成小麦似的褐色。一到十月初，前端有栗色的两个圆点透露出来，这就是小动物的眼点。当蚁一般的幼虫从卵孵化出来，

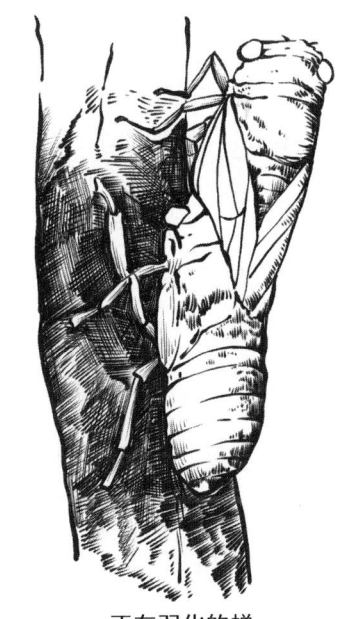

正在羽化的蝉

已是十月底了。它的卵期是六七个星期。

这种幼虫从树上落下，或者跟着枯枝一同落到地面，于是它就向地中钻、钻、钻，直钻到3尺多深的地下，在那边吸收树根的汁液。这时，它通体深褐色，腹部带点白色，而肚面的中央，还有一条乳白色的纵线，前肢的胫部非常膨大，而且有几个突起。

留在树干上的蝉蜕

它在地下蜕皮的回数，从来都说25回到30回，现在知道的确只经过四回就变成拟蛹，这叫作腹育。拟蛹全体淡褐色，长着翅鞘，从地中爬出，攀登草木，经过最后一回的蜕皮便变成蝉。于是长长的黑暗生活完结，又重睹光明了。它蜕下的皮，往往一径粘在树干上，这叫作蝉蜕。

成虫期十分短促，四五个星期便会死去。但幼虫期很长，一般是两三年，印度有九年的，美国有十七年的——十七年蝉在昆虫世界里，真可算是寿星了。

蝉的地下生活期是这么悠长，所以每年要耕锄几回作物又常常变换的田地，不适于它的生长。只有在森林、果园等有树木而又不大耕锄的地方，它才能成长。

终日歌唱的和平者，好像在人类生活上不会发生什么利害关系似的。可是从前美国人，竟大大地吃了它的亏，曾经有过"蝉灾"这么一回事——当它产卵时，把种种树枝折断了。大约一百年前吧，美国人从英国移入了些雀，现在已繁殖得很可以，起劲地在捉蝉吃。可是另一方面，这些雀一到了秋天就要糟蹋米壳，这真是"引虎拒狼"了。

三　蝉歌

我们试看临风高歌的蝉，只有一根针一般的口器。这种口器不用说唱歌，连咀嚼都不成功。那么，它究竟用什么来发出这样嘹亮的声调呢？《淮南子》上也说："蝉无口而鸣。"这无口而鸣，在古代被认为是一件奇事。但据《珍珠船》上记载："余睹蝉两胁下有孔，实能振迅作声，谓以翼鸣，非也。"可见那时已经发现它的发声器所在处了。

雄蝉的胸部下面，紧贴后肢，有两块半圆形的板，叫作腹瓣。我们试把这腹瓣揭起，左右有两个大大的空窝。窝的前面有淡黄色、美丽的软膜遮住，后面有肥皂泡似的呈虹色的膜，这叫镜膜。腹瓣、黄瓣、镜膜，一般就叫它们发声器。可是，你就是用镊子将腹瓣取去，扯破了黄膜，割开了镜膜，它还是依旧唱个不歇，只不过调子变了，声音没从前那样响亮了。其实左右空窝是不发声的共鸣器，前后膜的振动使声音更响，腹瓣或多或少地半开，使声音变化罢了。真的发声器还在别处。

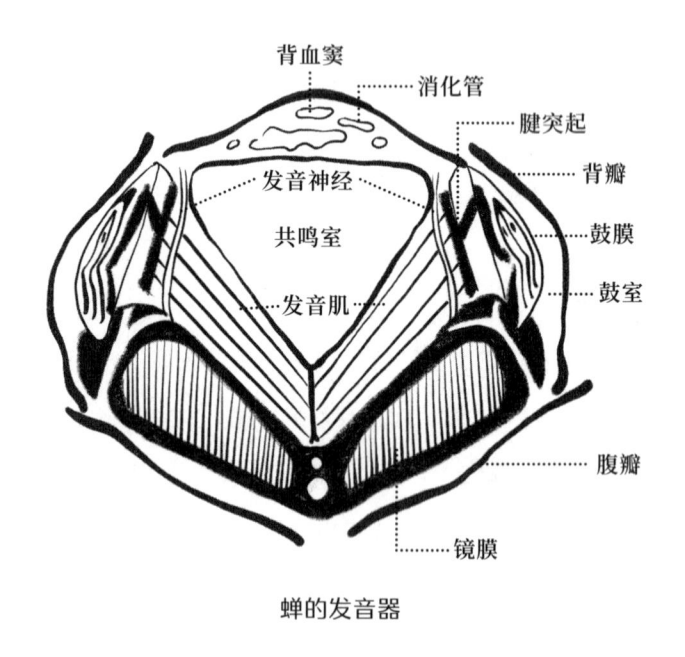

蝉的发音器

粗心的人，想要发现它的发声器，倒是相当困难的。左右空窝的外侧，腹背接合的地方，有一个小小的孔，用平平的腹瓣盖着，里面是比左右空窝更深，但又十分狭窄的一条隧道，这叫鼓室。后翅着生处的后面，有卵色而低低的隆起，就是这鼓室的外壁。如把它揭去，那么发音的鼓膜便看到了。这是白色卵形，向外突起的干燥的小膜，从这端到那端有三条翅脉束通过，使膜有弹力，而且在两边又镶上了硬框。这突起的膜被向里面拉去时，就变形而凹下，此后由有弹力的翅脉作用，急激地照旧突出，这样一凹一凸，便发出"格格"的声音。

我们在幼年时代曾经玩过"乒乓"——不是乒乓球，是用极薄极薄的玻璃制成的、底部微微凸起的瓶子。衔在嘴里一吸，瓶底便一凹，接着又因玻璃的弹力作用向外凸出。一凹一凸，便发出"乒乓乒乓"的声响。蝉类鼓膜因一凹一凸而发声的理由，完全和"乒乓"一般。不过"乒乓"因人们的吸气而凹下，蝉类的鼓膜，又是什么东西在拉扯呢？这是应该研究的问题。

我们再看这空窝，把前面淡黄色的膜切破，就可看到苍白色呈 V 形的两根粗肌肉柱，尖端附在腹面中线的内侧，这就是发音肌。两根都呈空心的截筒形，再从截口放出短的细纽，名腱突起，附在鼓膜上，由这两根肌肉柱的一收一放，鼓膜跟着凹凸振动，便发出声音，再因空窝的共鸣作用，镜膜、黄膜的帮助，腹瓣的开合，才变成嘹亮抑扬的歌调。法国昆虫学家法布尔说它是"高叫的聋子"，究竟是否聋还不能确定，但声调的确很高，因为它有这样一架完美的发声器。

油蝉

蛁蟟

寒螿

三种蝉的曲谱

不过鸣的全是雄蝉，雌蝉是不会叫的。所以古希腊时代有两句传诵一时的名句："幸运的蝉啊！你有如哑巴一般的妻子。"

各种的蝉，都按着各自的曲谱抑扬高低地歌唱，这是谁都知道的。现在把油蝉、蛁蟟和寒螿的歌谱附在上面，当你在竹榻上午睡醒来时，不妨看谱听歌，看它唱错了不曾。

四　敌人

一只雌蝉，大约要产三四百颗的卵。因为在生长中将遇到种种危险，只好用多产来抵抗。可是，真想不到，连长成后的蝉，依然要受到比别的昆虫更多的灾难。它具有锐利的目光，迅速的飞行力，而且又在高高的树枝上，不怕什么东西的暗算，似乎已具有十分的避敌本领了，但雀偏偏爱吃它。当它得意地高唱时，雀像很有计策似的，悄悄地从邻近的屋顶钻入树荫，突然扑住了歌手。歌手虽大吃一惊，发出尖厉的声音，雀却毫不放松地用嘴交互向左右乱啄。雀知道这是雏鸟们爱吃的食饵，更细细啄裂成几片，忙忙地衔回去。有时蝉知道攻击者来了，就对准它的眼，灌射一泡尿而飞去。

　　还有比雀更可怕的敌人，那就是螽斯①。蝉耐着炎热，奏了整天的交响乐，一到夜里，总想休息一下，可是在这休息时间中还要屡次受别人的打搅。有时从茂密的树荫中，漏出短促而尖锐的悲啼，这就是说明它已遇到夜间热心打猎的螽斯的袭击了。螽斯扑住了蝉之后，先向它的腹侧开一个洞，把肚子里的东西拉出来，将各种"乐器"饱吃一顿之后，再将这歌手杀死。当这披着绿纱的强盗追赶惊飞的蝉时，完全如鹰隼在空中追赶云雀一般。鸟类多向比自己弱小的生物进攻，螽斯恰恰相反，是要攻击比自己更大更强的巨人。它用强大的颚和锐利的爪，去剖没有武器只会高叫的俘虏的肚子，是不费什么力的。至于螳螂捕蝉，更是大家都知道的。

---

① 螽（zhōng）斯：善于跳跃，一般吃其他小动物，有的也吃植物，是农林害虫。

五 冬虫夏草

我国药草里有一种冬虫夏草，又叫蝉茸，向来被认作一种奇异的东西。据说它冬季里会化成虫，躲在泥土中，一到夏季，又化为一根草，钻出地面来。假使你从药店里买一根来看看，的确上面是一根草茎，下面是一条虫。这不是一个宇宙间的谜吗？

蝉茸

其实说穿了毫不足奇，原来就是蝉的拟蛹。地下黑暗潮湿，很适于菌类的居住，所以当蝉的幼虫在地下过活时，难免要受菌类的攻击。有一种菌寄生在幼虫的肚子里，就在那边发育长大，和寄生在人们肚子里的绦虫、蛔虫一般。到了蝉的拟蛹时代，菌已长得在狭窄的肚子里容不下了，它就毫不客气地穿出背片发芽滋长。这时，如给人们掘得，便认作正在化草的虫，就叫它冬虫夏草。

在唐代的《酉阳杂俎》中，有下面一段记载，倒可做冬虫夏草的旁证：

蝉，未脱时名腹育，相传言蛣蜣①所化。秀才韦翾庄在杜曲，尝冬中掘树根，见腹育附于朽处，怪之。村人言蝉固朽木所化也，翾因剖一视之，腹中犹实烂木。

腹中的烂木，也许就是寄生的菌类，因此倒因作果，诞生了烂木化腹育的神话，我是这样想的。

不过冬虫夏草，也有由别种昆虫的幼虫变成的。

六 史话

唐朝时候，京城里那些游荡人，一到夏天就捉蝉出卖，嘴里连声嚷着"只卖青林乐"。小孩子争着去买，用笼子挂在窗口，听它的清歌。还有验它发声的长短来定胜负的，叫作仙虫社（见《清异录》）。古希腊时代，也同样将其当作娱乐品，放在笼子里养着玩。雅典的妇人们，喜欢把黄金造的蝉装在簪头，插向髻上。那时的竖琴上大多装上一只蝉，作为乐器的标识，这些更是用蝉做装饰品了。

我们唐代的大诗人杜甫和韦某，也曾经有过关于蝉的一个故事：据说杜甫当有朋友来的时候，总要带自己的妻子出来见见。韦某见了回来，又差自己的妻子送一只"夜飞蝉"

---

① 蛣蜣：读作 qī qiāng，又名"蜣螂"，俗称屎壳郎。

去，给她做装饰品。但这"夜飞蝉"究竟是真蝉呢，还是也同雅典妇人们所用的黄金蝉一般，是制造的装饰品呢？那是无法考究了。不过《物类相感志》上有说，妇人佩戴着干制的茅蝉，能够增加夫妻间的爱情。因为当这种茅蝉停在茅草根上时，是两两相对的。那么，"夜飞蝉"也许是某种干制的蝉吧！

汉朝时，有一名叫牛亨的人，去问以博学出名的董仲舒，说："蝉的别名叫作齐女，究竟是什么意思呢？"董仲舒回答："从前齐国有一位王后，怨齐王而死。她的尸体就化成蝉，飞上庭树，悲哀地叫个不休，吐吐生前的怨气，所以叫作齐女。"（详见《古今注》。）这可算一则关于蝉的神话。

七　蝉和蚁的寓言

凡是有名的事物，总有种种关于它的故事发生，尤其是昆虫。凡具有某种特点能惹起我们注意的，就常采作民间传说的材料。创造这些故事的人，常把动物世界当作人间世界来演述。这般创造出来的故事究竟是否真实，实在是一个大问题。

例如，儿童读物上常会看到蝉和蚁的寓言。大意是说：有一只蝉，在夏天时临风高歌，非常得意。到了冬天，因为没有粮食贮藏，向他的邻人蚁商借。蚁便说："你在夏天唱歌，那么现在跳舞好了。"可怜的蝉，便只好活活饿死。

这则寓言，在道德方面的缺点且不去说它。从自然科学的知识方面看来，恰恰相反，能够独立生活的蝉，决不会站在蚁巢口诉饥。倒是不管什么食物都向自己仓库里搬去的贪婪的蚁，会有为饥所逼向歌人商借的事。不，其实不是商借，在掠夺者的习惯上，从来没有什么借或还哩。它们是将蝉围住，自己动手抢去的。现在我就讲一则大家不大知道的、有趣的掠夺故事吧。

据法布尔说，在七月的午后，许多小虫都渴得发慌，在干萎的花上彷徨。蝉却哈哈冷笑，笑这些家伙的不中用。它停在灌木的小枝上继续歌唱，一面举起针一般的嘴，在因晒热的树液充满而膨起的坚滑树皮上开一个孔，静静地、快活地喝水。

看了一会儿，又碰到意外的悲惨事情了。许多在附近彷徨的渴者，望见这甘泉外溢的井，立刻向这边赶来，细心地舐食溢出的树液。这甘泉的周围有细腰蜂、小蜂，更有许多的蚁。

小的钻到蝉的肚子下面，直走向泉边去。和善的蝉，对这些要爬上身来缠扰的流氓，总让开一条自由通路给它们。但它们等得不耐烦了，就不管三七二十一地攻击，将开掘喷泉的人赶开泉边。这攻击中，最不肯放松的就是蚁。蚁咬住蝉的脚尖，拉它的翅膀，攀到背上，或弄它的触角，有时竟像要捉住蝉的吻，从甘泉中拔出。巨人被孩子们缠扰得再也忍不住了，终于抛弃这甘泉，放了一泡尿走开。蚁掠夺的目的达到了，它们是泉的主人了。不过，汲水的唧筒不动，井又立刻干了。

　　这则蝉向蚁借粮的寓言，是希腊寓言作家夫恶台内根据印度传说而写的。当初的主人公也许是一种别的虫，夫恶台内因为雅典没有这种虫，就用蝉来代替，结果使它平白地受了几千年的冤屈。

萤

一 异名

在残暑未消的夏夜，有绿莹莹的"火星"，在河边池畔的草丛中闪烁不停地、穿梭似的飞舞。这多么使人惊奇啊！所以这小小的动物，和人类没有多大关系的小虫，已早早惹起了先民的注意。希腊人叫它拉恩批鲁，意思就是"拖着灯笼走的虫"；我国不单把含有两个"火"的"螢"（古"萤"字）字作为它的名字，而且还用了"炤"（古"照"字）"挟火""耀夜""夜光""自照""丹鸟"等意义更明显的名称。

二 种类

昆虫学上所说的萤和普通所说的萤，意义多少有点差异。普通所说，凡是夜里发光的鞘翅目昆虫，都叫作萤，所以像美洲产的发光叩头虫也包括在内。昆虫学上所说的萤，不单以发光为标准，虽不发光而形态相同的昆虫也包含在内。严密地说来，是有"萤科"这么独立的一科。属于萤科的昆虫，现在所知道的，全世界有 2,000 多种。

石山萤是萤科里面最大的一种，所以还有大萤、牛萤、熊萤这些名字。雌雄都有前后两翅，前胸的背面现暗黄或桃红色，上面有黑褐色的十字纹。雄的小些，雌的里面有体长达到 17 毫米左右的。雄的第六、第七两腹节带淡黄色，这就是发光器。雌的只第六腹节是淡黄色，第七节是红色的。大概五月中旬到六月底在池边河畔出现，一到七月，便看不到了。

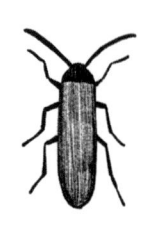

三种萤：小萤（左），桦太萤（中），石山萤（右）

桦太萤分布在库页岛、西伯利亚、欧洲，是北方种的代表。雌雄的形态各各不同，雄的前后两翅和复眼都很发达，体长 12 毫米左右，前胸背部的前缘有两个半透明的小白点，此外的边缘都是黄色，背部全是黑色，体的下面是暗褐色，但第六、第七两腹节现黄色，里面有发光器。雌的后翅全然没有，前翅仅存一些痕迹，所以不会飞翔，外貌简直同幼虫一般。体长有 20 毫米，发光器在第八腹节，能够放射比雄虫更强烈的光线。

此外还有窗萤，前胸背面的前缘，有一对透明的椭圆形天窗，就在头缩进去时，也可用复眼看到外面的动静。小萤是黑色的，体长9毫米，七月中旬到八月上旬常在山中出现。黄昏时不发光，要到半夜前后，方才赫然地放光。

台湾所产的萤种，种类很多，而且身躯又大，雄虫的光线委实好看，它停着的树枝宛同大商店的霓虹灯。据说当日本侵占台湾时，有一次夜里看到萤群飞舞，认作是原住民拿着火把来偷营，赶忙发炮轰击。

三　发生

古代的人们，对于萤这种奇特的小虫，虽已早早产生兴趣，用诗来歌咏，可是关于它的诞生经过，没有做长期观察的闲暇，所以便有种种错误的臆说产生：在日本，说萤是从马粪和狐粪中变化出来的；在朝鲜，说是从狗粪中变出来的；我国《礼记·月令》曾记载，"季夏之月……腐草为萤"，《格物总论》中更说得像煞有介事：

> 萤是腐草及烂竹根所化，初犹未如虫，腹下已有光，数日，便变而能飞。生阴地池泽，常在大暑前后飞出。是得大火之气而化，故如此明照也。

总之，不论日本、朝鲜还是中国，都把它归在"四生"①中的化生里面了。到了现在，大家当然不会再相信这种化生说，不过能够知道萤的诞生真相的人，也不见得多吧！

萤是属于昆虫类中的鞘翅目，依然要经过幼虫和蛹的时期方能变为成虫。它的卵是淡黄色的小粒，产在水边草根，夜里不断地发青光，里面胚子一发育，就慢慢地黑起来了。一般产后一个月左右，便有淡灰色的幼虫孵化出来。幼虫的身躯呈长纺锤状，两端尖细，上下扁平，由许多环节构成。三对步脚很发达，尾端稍前的两侧有发光器，到了夜里便放射青光。

幼虫在水边或水中生活，捕食小动物——石山萤和小萤的幼虫要吃螺蛳的肉。严寒的冬季一到，便躲向地下去，直到第二年四月再出地面，继续生活。到了五月里，又向泥中挖掘一个小小的洞，在里面蜕皮化蛹。

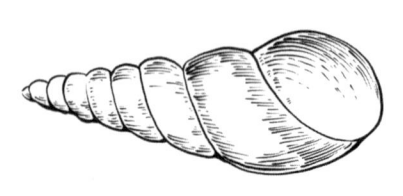

萤的幼虫和它所吃的螺蛳

蛹和成虫很相像，有

---

① 指生命诞生的四种形态：(1) 胎生，如人、马等；(2) 卵生，如鸟、鱼等；(3) 湿生，如蚊、蝇等；(4) 化生（变化而生），如文中所举例之"腐草为萤"。

短短的翅芽，全身呈淡黄色，夜里不绝地放射美丽的光辉。生发光器的地方，虽因种类而各不同，但这种美丽的光线，总能把淡色的身躯照成透明——这是萤一生中最漂亮的时代。大约经过半月光景，体内的改造工程完毕后，它便蜕皮而爬到地面上来，我们就叫它"萤"。

四　奇妙的攻击法

　　萤虽是只吃雨露、怪可怜的小虫，但它在幼虫时代却是颇凶恶的强盗。不论住在陆上的还是住在水中的，大部分是吃蜗牛过活。它们吃蜗牛之前，先使它麻痹——用大颚注射一种麻醉性的毒汁。它们大颚的钩和蝮蛇的齿一样是中央空的，恰恰像我们用的注射器。注射时的动作又十分轻柔，绝不使蜗牛受惊而从草秆或墙上滚下来。这种毒汁使蜗牛立刻麻醉，丝毫没有遁逃的力量——这也和细腰蜂用毒针刺进毛虫的身中，使它们麻醉一般。蜗牛到了危机将临的时候，赶忙分泌大量的泡沫，想赶走敌人，但萤的幼虫尾端，长着排除这种泡沫的十二根肉状突起，蜗牛的泡沫对萤的幼虫并不能做防御武器用。

　　那么把蜗牛麻醉后，它们是怎样吃的呢？难道真的咀嚼吗？严格地说来，萤的幼虫是只喝不吃的。它们是和蛆虫一样，将食饵变成清汤而喝下去的。对付蜗牛时，总只是一只——不论蜗牛的身躯怎样大。过了一会儿，便有两只、三只、四只或更多的陪食者走拢来了。对这位真正的所有者，并不发生什么争执，大家就一起开始吃了。经过两天光景，都吃得饱饱地走开，这个蜗牛壳，依旧粘在当初受攻击的地方。你如果去拿来一看，里面只有些留在"锅"底的残羹剩汁。所以萤的幼虫的口器，除注入麻痹性的毒汁外，还能够分泌一种能将筋肉化成汤汁的液体，那是无疑的。

五 萤火

萤若是只会残杀隐士式的可怜的蜗牛，没有旁的才能，也许不会被一般人知道。可是，它还会在尾端挂起一盏灯。萤的发光器的构造，因种类和发育上的时期而各异：有蛹和幼虫相同的，也有蛹和成虫一样的，还有到了成虫时期，除本来应该有的之外，又有和幼虫相同的发光器。照一般说来，成虫的发光器，是由紧贴在透明皮肤下面的发光层和相对的反射层构成。

我们试把萤的发光器削下一片来，放在显微镜下细看，便可看到表皮里面铺着一层淡黄色细粉，这就是发光层，由许多大细胞构成。你若再仔细耐心地看，便见四面布满了奇妙的管子。短而粗的干子突然分成无数密生的细枝：有的在发光面上蔓延，有的钻进里面。这就是气管和气管枝，和呼吸器官相连。它的作用在于充分吸收和分配空气，使这层淡黄色的细粉起氧化作用。反射层是由含着许多蚁酸盐或尿酸盐小结晶的细胞组成的，发乳白色。它的作用是不让光射到内部器官中去。

现在还剩下的一个问题：这种淡黄色的细粉究竟是什么性质的？学化学的人，起初认定是磷，竟有将萤活活地烧煅，取出元素来试验的人。可是，谁也不曾得到满足的解答。最近又说是脂肪体，也还不曾得到可以公认的结果。不过发光作用是由发光层的细胞活动，需要水和氧的酸化作用，这是确实可靠的。

萤火只有色光线（可视线），而没有红外线（热线）、紫外线（化学线）的辐射线，实在要比人们的灯经济得多。我们现在所用的煤气灯、电灯，都平白地产生了许多热。这不单是浪费，而且容易发生种种意外的危险。如果人们能够制造萤火一般的冷光，那么既不会失火，也不会烫伤，风也吹不熄，雨也淋不灭，多么有趣啊！许多人想发明这种冷光灯，不知费去了多少心血，到现在还是徒劳。①

"萤究竟能随意处置这种光的放射吗？"对于这个问题，我倒能够回答得更清楚些：萤是能够照着自己的意思做的，

---

① 1938 年，美国通用电子公司的伊曼发明了节电的荧光灯（日光灯）。

通过发光层的粗管，尽量吸入空气，光便增加；通气缓一些，或竟停止，那么光也弱了，消失了。气管上面布有神经，萤可以照自己的意思收放。

萤火对萤自己究竟有些什么用处呢？为了生殖关系，雌雄互相引诱用的，这已经由种种试验而明了了。那么和生殖毫无关系的卵、幼虫和蛹，为什么也发光呢？这大概是威吓要吃它的动物，同时表明自己的肉是苦的、不适宜食用的，可以说有一种警诫作用。幼虫时也许在找寻蜗牛等的过程中，又作为灯笼用的。

六　求婚

雌萤的火，明明是在引诱爱人，要求交尾。可是再仔细一看，雌萤不是肚子下面点着火，在照地面吗？那么雄萤在上空中绕飞，有时一直飞到远方，怎么能看到呢？照理说，辉煌的诱惑物，不应该瞒过关心者的眼，所以灯笼不应该装在肚子下面，最好装在背脊上。可是，你试把一只雌萤捉来，用铜丝罩罩住，周围放些花草，挂在高枝上，仔细耐心地看去，便可以证明上面的推想完全不合。

这时，它并不像在草根时那样宁静，而是剧烈地运动，扭着非常容易弯曲的尾尖，向各方面起劲活动，先扭向这方，回头又掉向那边。于是，不论地面，不论空中，从左右经过的那些在做恋爱探险者的雄萤们，对这辉耀的"招引之火"，总归一定能看到了。这也同转旋镜子捉云雀的方法一样，镜子静置时，云雀不会留意的，若骨碌骨碌不停地旋转，光芒很快地闪射，云雀便看得发呆了。浙江省绍兴一带，还有旋转雨伞捉鸱鸮①的方法，道理是一样的。

雌萤有招引求婚者的技术，雄萤也有从老远便能看到"招引之光"的灵敏视觉。雄萤的胸部胀满得呈盾形，同学生帽上的鸭舌遮阳一样，它的作用就在于收小视界，集中视力到目标的发光点上。

交尾的刹那间，光十分淡弱，几乎消失，只最后的环节上有一点微火在活动。因为在举行婚礼的时候，若灯光辉煌，反而怪难为情的。这时，邻近的多数夜虫们，把自己的工作暂抛一边，一齐低唱祝婚歌。

交尾之后，不久就产卵了。可是雌萤好像不会尽母亲的责任，它也不管泥地或新芽，乱撒——其实并不是产——一阵就算了。

最奇妙的是，萤卵还在母亲的肚子里时，就已经发光了。孕着成熟卵的雌萤，你如果在无意中将它弄破，那么你的指头上便有发光的细长条子，这便是从卵巢中挤出来的卵

---

① 读作 chī xiāo。

块所发出的；而且到了产期相近时，卵巢内的磷光便透过肚皮，放射出柔和的乳白色光。

七　轻罗小扇扑流萤

在繁星满天、皓月未升的夏夜，树荫草上偶然随风飞来了几只萤，引得孩子们拿起芭蕉扇，嘴里唱着"萤火虫，夜夜红"的歌曲，东追西逐地去拍，这是多么富有诗意的一幕！在这等情景之下，总不知不觉地要想到唐人"轻罗小扇扑流萤"的诗句。可是富贵人的思想，终究特别些：据《隋书》所载，隋炀帝大业十二年[①]，行幸景华宫时，特地征集了几斛[②]萤，夜里在山上放它们，碧光点点，布满岩谷，真是好看。但萤火并不是专供荒淫皇帝取乐用的，它还能照顾贫苦的学生和旅行者呢！

在黑暗的夜里，萤光的确可以用来看书，不过除狭狭的范围之外，什么也看不到。你若把许多萤聚在一块，它们虽各自发光，但已成了光的交响乐，在我们的眼里只见一团碧光。从前有一个贫而好学的车胤，就是用这种聚萤的方法照着读书的。现在把《成应元事统》的记载录在下面：

[①] 即公元616年。
[②] 斛：读作 hú，古代量器名，方形，口小，底大。

车胤好学，常聚萤火读书。时值风雨，胤叹曰："天不遣我成其志业耶？"言讫，有大萤傍书窗，比常萤数倍，读书讫即去，其来如风雨至。

中美、南美和印度的萤，比我国的大得多。它们在苍翠欲滴的热带森林中成群飞舞，真像大雨之后流星满天。这种特别的萤，不单可以装点自然界，也是热带森林旅行者必不可缺的东西。在南美森林中旅行的人，不用什么灯笼和电筒，只需捉一只萤，缚在皮鞋头上便行了。他们靠了这萤火，可以同白天一样赶路，待到天亮，便把这盏活灯笼挂在树枝上，送给这天夜里的旅行者。所以在南美地方，这种萤是很受原住民爱护的。

墨西哥海上，从前是海盗出没的处所。航海的人不敢点灯，竟用萤火代替。专重实用的英国人，总比别人会利用些，他们把萤装在玻璃瓶里，塞好口子沉到水里，再用网去捉群集光边的鱼类。日本夜里钓鱼的人，常把萤装在浮子上，这样便可知道有没有鱼来吃饵。西班牙的妇人喜欢把萤包以薄纱插在头发上，和我们戴花一般；青年们更是把它们装在衣服和马鞍上，作为一种饰物。这些都是连萤自己也想不到的利用法。

蚊

一　可怕的蚊

　　侵害人体的昆虫，种类原不少，但蚊的确要占相当高的地位。它除直接吸食血液之外，还要间接传播种种疾病，像疟疾、象皮病、黄热病、登革热等。它传播疾病的经过下面再细讲，现在把它倾覆古罗马的事实来介绍一下。

　　古罗马曾煊赫一时，大概谁都知道，无须多说。不过当它们东征西讨，远播威名之后不久，就奄奄一息地衰落了，灭亡了。原因虽颇复杂，但蚊的传播疟疾的确是其中之一。当古罗马为扩张国土而远征阿拉伯、非洲的时候，曾俘虏了许多土人回来，不料无形中就播下衰亡的种子。这些土人中，有不少害着恶性疟疾，这病就由蚊传播到罗马民族间。于是刚健好武的罗马民族，渐渐衰弱，而罗马国也同落日般一忽儿灭亡了。

　　法国人开掘巴拿马运河时，更是饱受蚊的侵害，工人、职员害黄热病而死的极多，竟把这一带地方称为"白人之墓"，连工作都停止了。后来美国人继续开掘，就是先把蚊驱除，才能把运河开通。

二　常蚊和疟蚊

蚊是最常见的吸血性双翅类昆虫。种类倒并不像想象中这样多，全世界的既知种也不过1,000种[①]。同种异学名的不少，竟有一种而得了三四十个异名的。分布上，热带多些，寒冷地方较少，但也有分布全世界的种。

学术上所称的蚊科，是把吻长、翅和体表有鳞片的双翅类昆虫都包含在内，其中原有许多非吸血性的。为了区别起见，又把吸血性的蚊归入蚊亚科。我们一般所说的蚊，就是属于这亚科内的。

蚊亚科又可分为两类：一是疟蚊类，一是常蚊类——包含着疟蚊以外的大部分。温带地方，疟蚊的种类极少，数目也少，几乎全是常蚊类。热带地方，疟蚊的种类虽不少，但和常蚊类比较起来，却仍旧是少得多，而且数目方面也同样少。

雄蚊　　　　　　　　雌蚊

---

① 目前全世界的蚊科动物大约有 3,500 种。

疟蚊因为能传播疟疾，所以大家都颇注意。其实，常蚊也不能忽视，像黄热病、登革热等，都是由常蚊传播的。豹脚蚊传播的黄热病尤其算一种极凶险的传染病，幸而分布的地域不广，东亚方面简直可说毫无关系。

疟蚊类和常蚊类，在习性和形态方面有显著的差异，无论幼虫时代或成虫时代，都容易看出。现在简单地说明如下：

成虫的吻在头部中央，两侧有触角和触须。触角上各节的毛，两类中都是雄的较长。触须却可以作为区别两类的特征。疟蚊类的雌蚊，触须差不多和吻同长；常蚊类的雌蚊，都比吻要短得多。雄的，在疟蚊类中，触须也大略和吻同长，但末节膨大；常蚊类中，虽长的短的都有，但末节都不膨大。静止在直立面和平面时的姿势，两类也有显著的不同。常蚊类身子多和面呈平行，疟蚊类多呈与45度相近的角度。

疟蚊类的卵，呈黑色纺锤形，平铺地浮在水面。产时是一粒一粒地产下，但多数又集成稀疏的麻叶形。常蚊类中也有产和疟蚊相似的卵，如草蚊类，但大多数的卵呈酒瓶状或棍棒状，粗粗的下端有浮游具，使它直立在水面，颜色是黑褐色。产时也不是一粒一粒地产，而是将一次产下的卵全体附在侧壁，呈纺锤形，两端微微向上翘，和独木船相似，所以在西欧叫作"卵舟"。疟蚊类的卵，在自然界中不容易看到，而常蚊类的卵舟，倒是常常遇得着的。

蚊的幼虫肚部由九节构成。常蚊类在第八节有长管的呼吸器官，疟蚊类不是用这等特定的呼吸器官，而是由体表面直接呼吸。所以浮到水面来呼吸的时候，常蚊类用呼吸管，将身体呈约45度倾斜地悬挂着，疟蚊类则是要使全部体表接着水面。它为了达到这种目的，更在胸节和多数腹节上长着左右成对的上浮装置，叫作掌状毛，形状和棕榈叶子相似。当幼虫静止在水面时，你若仔细去看，便能看到两行微小的点，这就是掌状毛上的斑点。整个身子的姿态也有明显的差异：疟蚊类特别肥胖，而且黑得多，是不会看错的。

就是蛹吧，两类也有差别，不过不甚显著罢了。

三 种类

我国大部分地区处于温带，常蚊类较多，现在把常见的几种介绍在下面。

赤斑蚊，不但在我国各地常能遇到，而且简直布满了全世界。体长2毫米左右，现黄褐色。翅透明，平衡棒[①]和口吻呈黄色，触角现褐色，

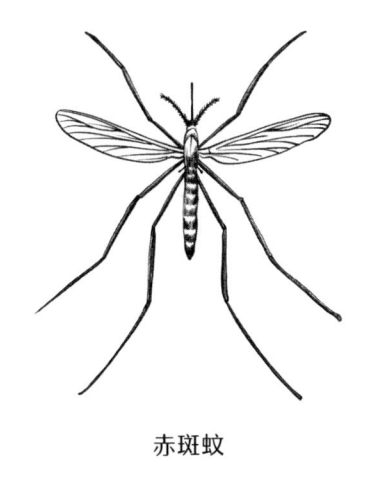

赤斑蚊

[①] 平衡棒：双翅目昆虫后翅退化而成的棒状物。

棱状部灰色，腹部黄色，而各节基部的侧方有灰白斑，脚黄色。雌的夜间出来螫害人畜，雄的吸食花蜜过活。

白条斑蚊体长5毫米左右，现暗褐色，口器雌雄一样。胸部背面有一银白色的纵条，十分明显。后胸和胸侧有几条纯白色条纹。各腹节的两侧纹以及各节基部呈银白色，腿节的基部现灰白色。昼间也会飞来螫人。

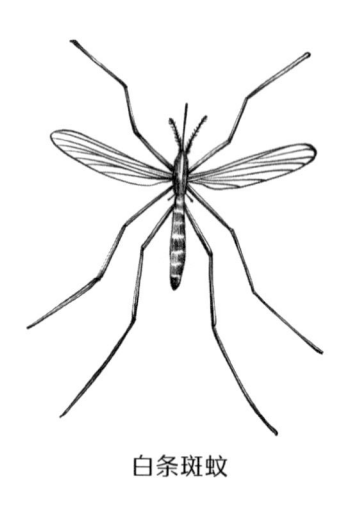

白肩斑蚊体长5毫米左右，体现黑褐色，有由银白色鳞片构成的横带。胸部背面带金色，两肩有银白色的纵条，所以得了这样一个名字。腹部黑褐色，稍稍有蓝色光泽。腹面各节的前缘生着银白色的鳞，脚黑褐色，前脚、中脚的腿节下面，除末端外现黄白色，后脚腿部也同。

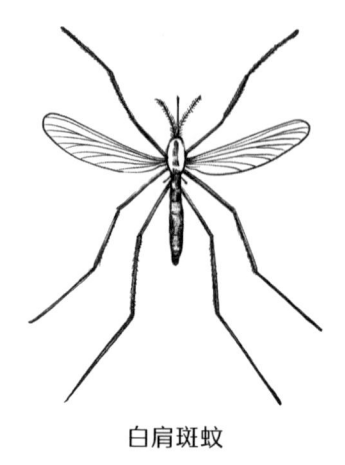

四条斑蚊的形状大概和白条斑蚊相似，只中胸背部前方有四条黄白色的纵纹，分布在

白条斑蚊

白肩斑蚊

广东、福建沿海一带，专门传播登革热。

疟蚊的种类，我国颇少。最普通的一种，叫作中国疟蚊。体长和赤斑蚊相似而略大，暗灰色，翅稍带暗色而透明，前缘有黑褐色或黄白色的两条鳞毛纹。平衡棒灰色，触角暗褐色，胸部背面有五条褐色纵纹。雄的腹部背面现暗褐色，触角呈拂帚状；雌的暗黄色，背部纵纹呈黑褐色，脚带暗黄色。

四条斑蚊

中国疟蚊

四 生活史

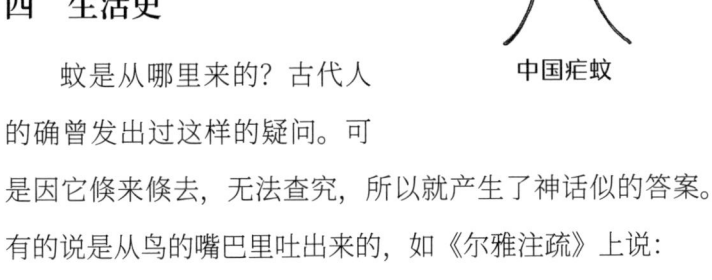

蚊是从哪里来的？古代人的确曾发出过这样的疑问。可是因它倏来倏去，无法查究，所以就产生了神话似的答案。有的说是从鸟的嘴巴里吐出来的，如《尔雅注疏》上说：

> 鷆[①]……黄白杂文，鸣如鸽声，今江东呼为蚊母。

---
① 鷆：读作 tián，夜鹰的别称。

此鸟常吐蚊，故以名云。

有的说是从草叶里化出来的，如《本草纲目》上说：

塞北有蚊母草，叶中有血虫，化为蚊。

有的更推想得稀奇，竟说是从果实中飞出来的，如《岭南异物志》上说：

有树如冬青，实生枝间，形如枇杷子，每熟即坼裂，蚊子群飞，唯皮壳而已。土人谓之蚊子树。

这也许是寄生在植物中的瘿蝇从树瘿[1]中飞出，古人观察不精，就认为是蚊。现在，大家都知道是经过完全变态，方才成蚊，所以我们只打算把它的生活史来略说一说。

蚊停在水面漂浮的东西上，产卵水中。常蚊的卵集成一块浮在水面，每粒约长1毫米，每块约有150粒卵。经过两天左右就孵化而成幼虫，这就叫孑孓[2]，英语叫作wriggler，都是从它特别的运动姿态而来的。

---

[1] 树瘿（yǐng）：树因受到真菌或害虫的刺激，局部细胞增生而形成的瘤状物。
[2] 孑孓：读作 jié jué。

孑孓的头和胸部都大，腹部细，由九环节构成。身上生着许多毛，头部的毛尤其长，它常舞动这毛，聚集水中的有机物作为食饵。腹部第八节有呼吸管，常常伸出水面呼吸空气，这时身子倒悬着，所以又有跟头虫这样一个俗名。孑孓蜕了四回皮就变成蛹，这期间是五六日。

蚊类的蛹和一般昆虫不同，是不停地运动着的，英语叫tumbler，我国叫作鬼孑孓，或大头孑孓。体带黑色，头部很大，腹部细小，弯曲着真像驼背。胸部有两根喇叭形的呼吸管，常常伸出水面。浮沉水中，恰像装着特别弹簧似的运

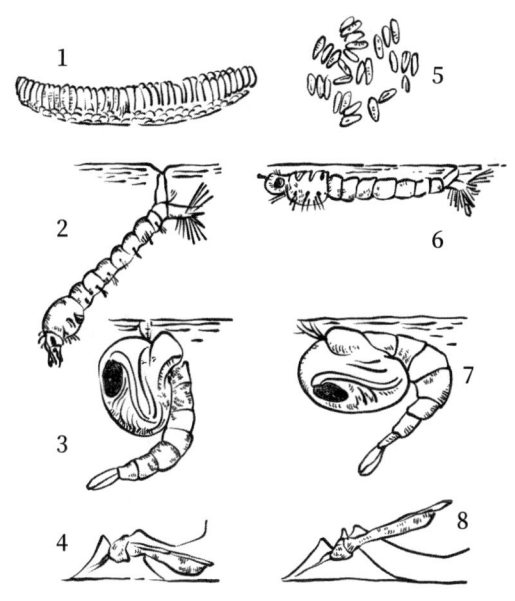

蚊的生活史：1—4 为常蚊；5—8 为疟蚊。

动着，经过两天左右，就变为成虫而飞起了。

从产卵到成虫，要费八九天。成虫的寿命由环境如何而定，大概在正常的夏季，雌的可以在空中飞翔三十多天，雄的寿命只不过几天罢了。受精的雌蚊，在和暖而安静的地方固定着越冬，到来年产卵。但在热带地方和暖地，成虫终年飞翔，只幼虫越冬。

五　哼哼调

"一个蚊子哼哼哼"，这是《红楼梦》里呆霸王薛蟠的名句。蚊子的确喜欢唱哼哼调，当你正待蒙眬入梦的时候，它偏要到耳边来哼个不停。所以有人说笑话：蚊子倒有孝心呢！它见人卧着，以为死去，便集在头边哀哀啼哭。

闲文少表，我们要推究的是：小小的蚊子，怎么也能发出这样大的鸣声？它的发声器究竟在哪里？要解答这个问题，我们须先把它的呼吸器官来查看一下。

一般昆虫的呼吸器官，是由胸腹部两侧的十对气门和连接着的气管构成。气门位于体表，直接和空气相接，为了防止尘埃侵入，更有特殊的装置——像刚毛、毛及结缔质的活瓣。蚊的呼吸器官也是同样的构造。我们试拿一只蚊子来看，便见胸部有比腹部大得多的气门，口子上更有结缔质的活瓣，随着呼吸不停地一进一出。当蚊子拍翅飞翔时，胸部就跟着翅膀的振动激烈地胀缩，做急促的呼吸，而气门口的活瓣也迅速地出入，发生振动，于是哼哼调就起来了。所以当蚊子静止着的时候，从来不会啼唱。

一般昆虫，气门口的活瓣基部，还有特别的肌肉，可以自由开闭。蚊类中却没有这样的装置，所以一飞就鸣，丝毫不能做主。

蚊有这样特别的发声器，所以声音也比较大。每当傍晚时节，群蚊乱飞，鸣声更响，简直同远方殷殷作雷一般。这就是《汉书》上说的"聚蚊成雷"了。[1]

六 口器

蚊是最普通的昆虫，谁都见到过，所以形态方面，似乎可以不必细讲。万一不明白的话，到教科书上去一查，自然会告诉你：蚊是两翅六脚，两翅退化变为平衡棒，具有刺吸式口器，等等。现在，我想先把汉朝辞赋大家东方朔描写蚊的一段文字介绍一下。他用滑稽的词句，将蚊的形态习性活活地表现出来。就抄在下面吧！

郭舍人曰："客从东方来，歌讴且行。不从门入，

---

[1] 现已证实，蚊子的鸣声源自翅膀振动，而非呼吸系统。

逾①我墙垣，游戏中庭，上入殿堂，击之桓桓②，死者攘攘，格斗而死，主人被创。是何物也？"朔曰："长喙细身，昼亡夜存，嗜肉恶烟，为掌指所扪。臣朔愚戆，名之曰蚊。"舍人辞穷，当复脱裈。

——《东方朔传》

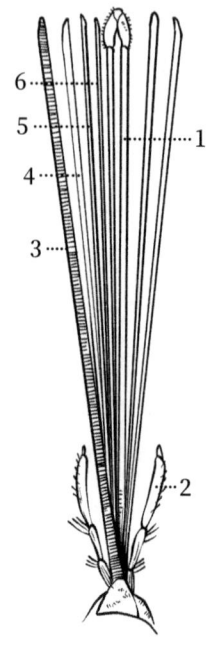

还打算把蚊体上构造最复杂的口器来说明几句，因为借此就说明了昆虫类中一般的刺吸式口器的构造。

蚊的口器是一根特别延长的吻，那是不必再说。做这吻的外鞘的，即下唇。它的形状恰像竹筒，竹筒的外面满生鳞片，尖端生着一对圆锥形的感觉叶（唇瓣）。竹筒的上面开着一条狭狭的沟，内部是比较宽广的腔。

这腔里藏着六根针状片，互相倚合而成刺吸管。这六根中，幅阔而尖端骤然尖削的一根是舌，幅狭而尖端有锯齿的两根是上颚，比它更

蚊的口器：
1. 下唇；2. 下颚须；
3. 上唇；4. 下颚；
5. 上颚；6. 舌。

---

① 逾：表示越过。
② 桓桓：威武的样子。

狭而尖端呈剑状的一对是下颚，幅阔而尖端呈剑状的一根叫作上唇。上唇虽也被竹筒包住，但从里面看来，恰像竹筒的盖子。

吻的外面，是附属于下颚的下颚须，又称触须。一般是雌的触须短，雄的比吻更长，但又依种类而不同。有几种雄蚊也短，也有雌雄都和吻同长。

蚊吸血时，先用吻端的感觉叶在皮肤上这里那里乱碰，探求适于刺的地方。后来寻到了，便将吻内藏着的刺吸管（即由六根针状片倚合而成的）用尽全力地从两片感觉叶中间送出，在皮肤上钻孔。这些针状片的尖端，都是些剑哩，锥哩，锯哩，所以穿孔毫不困难。

穿孔后，立刻将刺吸管向内部推进，深深进去，直到碰到毛细管。于是破坏了毛细管壁而侵入血液。这时，若运气不好，碰不到毛细管，它就把千辛万苦插入的刺吸管拉出，重新再刺过，这是谁都经历过的吧！

吸血的时候，下唇并不插入皮肤内，而是向下方弓似的弯曲着，尖端的感觉叶，将刺吸管（针状片束）紧紧束住。

如果提出"血液怎样被吸收到蚊的消化管中"这个问题，那么，可用下面三点来说明：第一，血液本身的血压使它上升；第二，各针状片间会起毛细现象；第三，口腔的深处有咽头，上面有肌肉附着，这些肌肉一收缩，咽头就膨大而生阴压。

雌蚊吸血，雄蚊不吸血，上面已经讲过了。我们再把雄蚊的口器来观察一下：作外鞘的下唇毫无差别，但内部的针状片和雌的大不相同。长的针状片，只舌和上唇两片。一对下颚形状很小，只及下唇的五分之一，上颚全然缺失。所以雄蚊不吸血，"非不为也，是不能也"。

七 疟蚊和疟疾

由蚊类传播的疾病，有疟疾、登革热、住血虫病、黄热病等。登革热虽在我国南部沿海一带常有发生，但系良性，不会有性命之忧。线虫病是由一种住血丝状虫寄生在淋巴管系统中而起的。仔虫在末梢血管，又由赤斑蚊等传播给别人，但这种虫只产在日本的几处地方。黄热病原是一种凶猛的传染病，在十八世纪中期，美国有过35回可怕的大流行。可是分布区域只限于中美、南美以及非洲的西海岸，和我国没有什么重大关系。所以现在把以上三种病和常蚊的关系搁在一边，且将疟虫传播疟疾的路径来说个明白。

疟疾可分作三种：热带热（每日热、恶性三日热等）、四日热及三日热等。这三种疟疾各有各的病原体，其中热带热最恶性，死亡率最高，治疗困难；三日热和四日热虽比较好些，但四日热也是纠缠不清、难以治愈的病症。分布最广的是良性的三日热，我国几乎全国都有它的足迹，其余两种，只限于热带地域。

最初发现蚊和疟疾有关系的，是英国军医罗纳德·罗斯。他受前辈万巴德①的影响，知道蚊是传播疟疾的，就着手研究鸟类疟疾和蚊的关系。于是就明白：这种鸟类疟疾病原虫，由吸血而入蚊的胃中，就在那边生出球状的雌性配偶子和细长的雄性配偶子，不久又合并而成纺锤形的接合体，贯穿胃壁集在外部，成了一个大的囊状体。此后，囊状体的内容物分裂成许多孢子前体，孢子前体再分裂，便成细长形的孢子虫（种虫）。种虫穿破被囊入蚊的体腔，再前进而达到唾液腺，等待蚊再去吸血。

1898年，罗斯将观察的结果发表。此后万巴德继续研究，1900年，他将在意大利吸了疟疾病人的血的蚊带到伦敦热带医学校来，使它刺自己的两个儿子，果然他们害疟疾病了。1902年，意大利人苦拉希发表了关于人体疟疾病原虫在欧罗巴疟蚊体内的发育变态的精细研究，认定人体疟疾的病原虫，只能在疟蚊类中欧罗巴疟蚊的体内发育和变态。

疟疾病原虫在疟蚊体内的发育和变态状况，上面已经说过了，那么在人体内呢？在疟蚊唾液腺中等待着的病原虫的种

---

① 万巴德爵士（1844—1922），英文名 Patrick Manson，苏格兰医生，被誉为"热带医学之父"。

虫，因蚊的吸血而进入人的血液中时，便钻入赤血球，经过一天半而长成，分裂为许多小孢子，这叫作增员生殖。当分裂时，赤血球也同被破坏，孢子四散，和毒素一同混入血液中。病人更因这种毒素，而起身热、头痛、脾脏肿大等现象。

破坏赤血球而四散的小孢子，却负着两种任务：一部分侵入赤血球，再同上面所说的这样，进行增员生殖；一部分

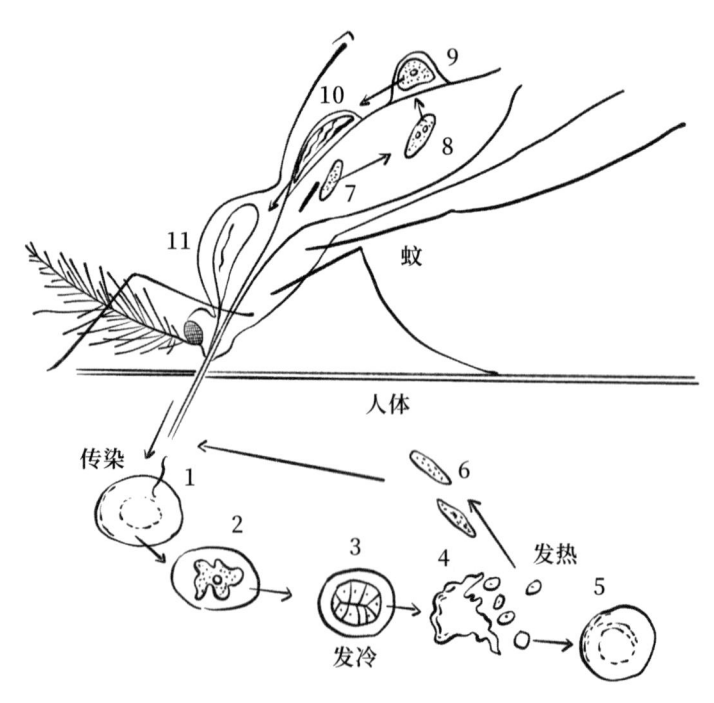

疟虫的生活史：1. 种虫侵入血球；2—3. 种虫发育为疟虫；4. 疟虫破坏血球，散出疟孢子；5. 疟孢子侵入别个血球；6. 长形孢子；7—8. 长形孢子进入蚊体内，接合成接合体；9—10. 接合体进入胃壁内逐渐发育，产生种虫；11. 种虫进入唾液腺里，伺机进入人体。

在赤血球中发育而成两种配偶体——大型的雌性配偶体和小型的雄性生殖体，都在血液中浮沉，机会一到，便进入疟蚊的消化管内，雄性生殖体活泼地运动，和雌性生殖体相接合，造成接合子①。再经过上述的变化而成许多种虫，集在蚊的唾液中等待。这叫作传播生殖。

经过多年的研究，已知疟蚊类一共有150种，其中25种是会传播疟疾的。②

---

① 通过接合过程获得新遗传性状的受体细胞。
② 目前已知疟蚊约480种，其中有30～40种会传播疟疾给人类。

蝇

一　吸血蝇

蝇类和人类生活有关系的方面很多，大致可分作下面四种：（一）要吸食人类和家畜的血，并且传播寄生血液中的病原虫；（二）要产卵在动物体中，使孵化出来的幼虫吸食它的血液，或侵入内脏；（三）寄生在植物体中，使植物受到大损害；（四）要侵入家中，传播疾病。本书说明方面想偏重第四种，所以先把前三种来简略地说一说。

吸血蝇中，分布最普遍的要算螫蝇。我们常能在原野、路上或畜舍中看到。体长8毫米左右，身现灰色，头部黄金色，头顶还有马蹄状的黑纹。胸部背面有四条黑色纵纹。翅透明，翅脉褐色。肚部呈卵形，有许多粗大的黑斑，脚黑色。它不但刺咬人畜，增添苦恼，而且还会传播寄生血液中的病原虫。

螫蝇

非洲的赤道地方有一种

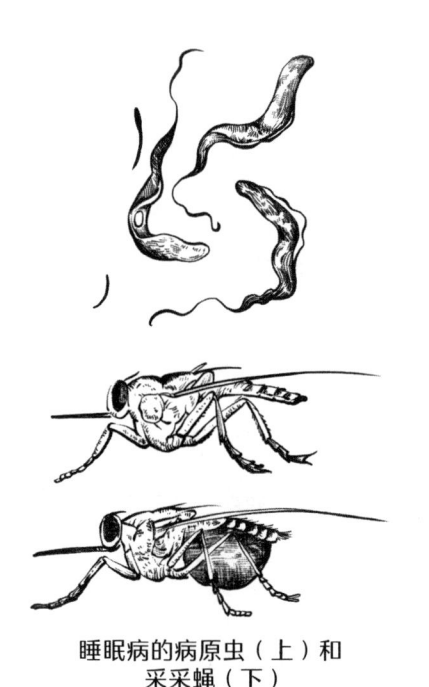

螫蝇，土名叫作采采蝇。它传播睡眠病原虫给人、马、牛、鼠等，使他们发热、贫血、衰弱，当病原虫侵入脑脊髓管时，寄主便昏昏睡去，不再醒来，所以叫作睡眠病。它在家畜身上时又另外有一个病名，叫作拿干拿病。

睡眠病的病原虫（上）和采采蝇（下）

二 马蝇生活史

马蝇是马牧场上常能看到的一种蝇，体长14毫米左右，体黄褐色，头、触角、脚及腹部是黄色。翅半透明，稍带灰黄色，中央及翅端有暗褐斑。雄蝇腹部的末节向腹面曲折，雌蝇是最后两节屈成膝状。它的生活史颇复杂而有趣，现在说明如下：

它把卵产在马毛上，但并不是哪处的毛都行，一定要拣马舌能够舐达的地方——它的孩子如果不被马吃入胃内，除等死外，是毫无办法的。卵如果坚牢地附着在马毛上，是不会由马舌带进口里而到胃里去的。这些从卵孵化的幼虫

（蛆），趁着毛而到皮肤，刺螫这部分，马感到了痒，必然要来舐这部分，于是，这蛆便附着在马舌上，接着入胃，用它的口钩挂在胃壁上，吸收胃液。当解剖马的尸体时，我们常能见到它胃里藏着几十条或几百条蛆。胃壁一被这蛆附着，便成凹陷，分泌脓汁。这脓汁是蛆重要的营养料。当蛆从肛门出来后，凹陷也不久硬化。

经过十个月左右，到了第二年的五、六月里，这蛆已充分长成，辞了它寄生的胃，跟了排泄物一同下肠而去。它若只靠排泄物带着，那么经历长长的大小两肠，要费颇久的时间。所以蛆自身也做一种波状运动，可在比较短促的时间内到达肛门，但也有中途化蛹的。

蛆和马粪一同落到地面，立刻掘垂直的孔。孔并不大，恰恰能遮住它自身。孔掘成后，把自己的身体掉头，头向上方，蛰居在里面，皮肤不久硬化，变成围蛹。过了一段时间，头上有两个角状突起生长出来，它就用这两个突起呼吸。虽因当年气候寒暖而略有迟早，但大概经过六星期，这马蝇便在空气中飞舞了。

马蝇粗粗一看，和虻很相像，但它半透明的翅上有暗色的斑纹，中央竟连成带状。普

马蝇

通的虻的翅虽也是透明的，却没有这种斑纹。

马蝇由蛹羽化，总在天气晴朗的早晨。它抵破蛹的前端的盖，挤开一个圆形的洞而飞向空中。可是事实上，并不是说说这样简单。羽化时，先起一个大气泡，因身子的扭动不断地上上下下。这样的气泡，凡是寄生在毛虫和青虫身上的针蝇和别种蝇羽化时，都能看到。这气泡一直升到前头和颈处，帮助它抵破蛹盖。

羽化而出的马蝇，身子干燥后，这气泡立刻消失。它就嗡嗡发声而飞向空中，追逐配偶了。这种蝇有在附近的高山顶上集合的习性——那边很寒冷，而且马也绝不会来。但真奇怪，它们的集会所，它们的舞蹈场，全在那里。

完成了交配的雌蝇便从山顶飞下来，选了晴朗天气，在马的周围飞绕。它们很胆怯，但细心地找寻在牧场中、农场上或是道路旁吃草的马，静止在马身上，产一颗或几颗的卵。一次飞去，又复回来，在天气或时间许可的范围内，趁马、驴、骡等吃草的时候，热心地产卵。可是，从来没有跟了马到厩中去的。

一只雌蝇约藏着 700 粒卵。卵长 2 毫米左右，上端呈斜的截断状，起初是白色，后来渐渐带黄色。这卵在太阳照射和马的体温的共同作用下孵化，幼虫破卵壳而出，由马舌带到口部，再入胃腑，挂上胃壁——但并不是全部都能被马咽入胃脏的，那些不能达到胃脏的蛆，仍难免一死。所以，造物主特意使它产下许多卵，即使大部分死亡也无妨。

三　牛蝇和蚕蛆蝇

牛蝇体长 13 毫米左右，体现黑色，上面密密地生着许多软毛，呈黄灰色，胸部背面有四条黑色纵纹，覆盖着黄绿色或白色的长毛。腹部基部的两侧是白色或黄色，尾端现赤褐色，翅带灰色，而且格外大些。

每当初夏，雌蝇常在牛舍附近飞翔，产卵在牛的肩、颈等处的毛上。从卵孵化的幼虫，就经牛口而到食道，再咬穿食道，通过食道附近的肌肉直至皮下。所以一、二月后，牛背上就有许多因这种幼虫而起的肿块。幼虫渐渐生长，五月里达到成熟，咬破肿块爬出体外，入地中化蛹。

牛蝇

蝇类里面，还有幼虫时期寄生在蝶、蛾、甲虫、蜂类的幼虫身上的，直到充分长成，才辞去寄主而蛹化。这是蚕蛆蝇，和我们最有经济关系，现在就把它的形态和生活讲一讲。

蚕蛆蝇体长 12 毫米左右，体现灰黑色，脸是银白色，

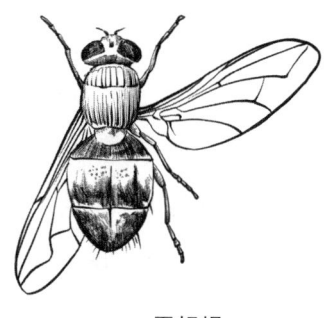

蚕蛆蝇

但额上有一条黑色的纵纹。触角黑褐色，胸部背面有不大分明的五条黑纹。腹部两侧的大斑纹是暗黄色，尾端密生刚毛。这种蝇，若幼虫寄生于蝶、蛾的幼虫（毛虫、青虫）上，对人类便有益，若寄生在蚕体，便有大害。

这蝇在五月中旬到下旬产卵在桑叶上，这桑叶若为三四龄的蚕儿所吃，卵就到了它的消化器，一二龄的蚕儿口小，恰恰将卵咬破。幼虫从卵孵化时，便从消化器爬出而入神经球。在那边住了一回，又迁到气门部，将蚕的体液作为营养物而逐渐长成。寄生的幼虫若多，蚕儿将衰弱而死。若一两只是没有什么大关系的，依旧吐丝、作茧、化蛹。幼虫在蛹的体内完全长足，就咬破蛹身，再咬穿茧而逃出来，爬到地面，钻进泥里化蛹，到来年春天再羽化而出。蚕蛹既被幼虫咬死，不能化蛾，故不能得蚕种，而且茧也被它咬破，纤维断了，不能制丝。蚕业上因这种蝇而受到的损失，在日本每年约有150万元。

四　寄生植物的蝇类

菊、胡枝子、蓬等草木的叶子上，常常点点斑斑，生着宝珠状、豆状或是芝麻糖状的瘤；葡萄的果实、柳树的芽，有时呈特别的状态；芒的茎，有时一部分特别膨大，而生一个瘿。这些都是因一种微小的瘿蝇的幼虫寄生，受刺激而生成的。在内部的蛆，是微微地不绝蠢动的。

这等瘿蝇，产在上述种种茎枝及伤痕、裂隙等处的卵，孵化而成幼虫，侵入寄主体内，吸收营养、化蛹（有几种是潜入土中化蛹的），变为微小的幼虫向外界飞出。

我们常常在豌豆和油菜等的叶上看到白色的曲线，这是潜叶蝇的幼虫所造成的。这种幼虫一面吃叶绿层，一面在薄薄的叶子里开辟隧道，开拓自己的前进之路，结果就造成了上面所说的白色曲线。它长成后，就在隧道的末梢化蛹，接着变为成虫。

此外还有果蝇，专食害田野中未成熟的果实，多数产在热带和亚热带，但温带也有不少。像瓜蝇是印度原产，但东南亚方面也很多；橘蝇也是分布在东南亚一带，但广东、福建方面也有。被这些蛆虫吃过的果实，内部腐败，散发恶臭。

大小各种各样的蝇，飞集在从树干中渗出来的树液上，一面喧闹，一面饱吃生命之粮，这更是谁都在散步林畔时看到过的。

五　秽物蝇的种类

凡是喜欢群集在垃圾、粪便等秽物上面，而且在这些里面发育，常常到家里来飞翔的，统统称为秽物蝇。现在且把其中主要的几种形态和生活上的特点，大略说明一下。

家蝇体长8毫米左右，体黑褐色，脸黄白色，触角又是黑色。胸部的背面呈灰黑色，而且有黑色的四纵条。翅透明，稍带暗色。腹部暗色，但雌的更有赤褐色的侧纹，是夏天最常看到的种类，而且遍布全世界。关于它们的生活史，在下节再细讲。

麻蝇，又叫毛苍蝇，体长15毫米左右，体是灰色，但脸面有发金光的灰黄色，触角、头顶的纵条是黑褐色。胸部、背部的三条纵纹非常明显，腹部有黑色的网状纹，尾节和脚黑色发光。它们常居户外，群集在人粪等秽物上，若到家里来，或是集在鱼肉、兽肉上，那是特殊现象。它们还有一特点：幼儿在母亲体内孵化后方才产出来。这叫卵胎生，同我们人类的胎生不一样。

金蝇又叫青蝇，体长9毫米左右，体现金绿色，脸是黑色，且有银白色的光辉，翅透明，翅脉淡黄色，前缘带黑褐

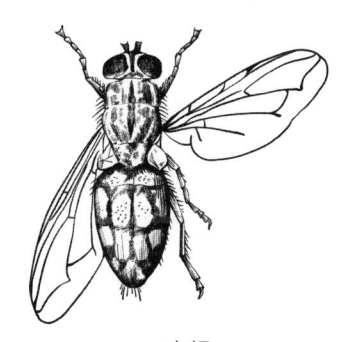

麻蝇

色，脚黑色，但带着比身子更鲜明的金光。它们常在野外，少进屋内，虽然有时也光临厕所，但不是从厕所中发育的。

金蝇

黑蝇体长9毫米左右，体黑色，脸银白色，触角黑色，上面密生黑毛，胸部背面有带灰白粉的四条黑纹，每条黑纹的两侧都有黑色的长毛或短毛生着。翅透明，第一腹节的基部、背线以及尾端是黑色，第二、三节各有几点丝光斑，因光线而变换形状。腹部暗青色，好像着水似的。它们有户外性，但也常进屋内。天气寒冷时，生育还不中止，冬季和春初，还在阳光照耀的地方飞翔。

黑蝇

此外像小家蝇、大家蝇等，形态习性和家蝇差不多，不过大小不同罢了，所以也就从略。

这许多种的秽物蝇内，最常到我们屋内来的，自然是家蝇。我们如果在屋内捕捉，它们总占九成左右。现在把美国霍华德在厨房里所采集的数据，以及日本小林晴治郎在家内和传染病研究所内所采集的数据列表如下：

	霍华德	小林（家内）	小林（研究所内）
家蝇	22,808	24,042	55,876
小家蝇	81	206	2,533
大家蝇	31	163	561
麻蝇	—	161	465
金蝇	18	38	200
黑蝇	7	15	41
其他	58	94	12

六　家蝇生活史

家蝇是家内最容易看到的蝇。每年到了五月里便有几只出现，一到六月骤然增多，七月、八月最多，到九月底就减少，十一月底便停止产卵。

卵白色细长，后端略粗。背部有两条隆起，其中一条当幼虫孵化时便自然裂开。雌蝇每回产卵 75 粒到 150 粒，平均是 120 粒，每隔三四天产一回卵，一共四回。如环境好一点的话，产卵的回数更多。卵的时期很短促，一般 12 小时至 24 小时，但又受温度的支配。例如：气温在 10 摄氏度时，要经两三天孵化；15 摄氏度至 20 摄氏度时为 24 小时；25 摄氏度至 35 摄氏度时，是经 8 小时至 12 小时而孵化。

幼虫是白色、体表滑泽、头细尾粗的蛆。相较于动物质，它们更喜欢植物质，尤其是近乎干燥的。不洁的畜舍和垃圾堆，是它们主要的发育地。据美国某学者说："马粪堆在四天内任家蝇飞集，结果，平均每磅马粪中有 685 条蛆。"充分长成的蛆，钻进软软的泥里，或钻入木头、石块的下面，求得略干燥的地方，在那边化蛹。这时，皮收缩而成坚硬的、红褐色的套。幼虫的时期是四到六天。

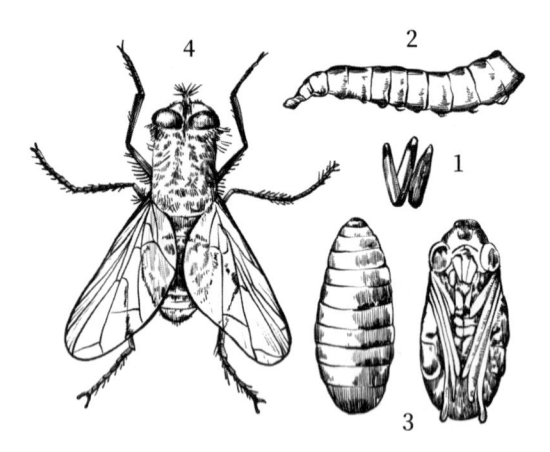

家蝇的生活史：1. 卵；2. 幼虫；3. 蛹；4. 成虫。

蛹的体长只及幼虫的一半，但比它们更粗，抵抗力很强，能够越冬。经过三到十天，蛹便羽化而成蝇。

由蛹羽化而出的家蝇，快的第二天就交尾，第三天就产卵，但也要受温度和湿度的影响。一般生殖器的成熟在第二天至第四天,开始产卵在第三天至第九天。

从产下的卵,到成羽化而出的蝇,经过的时间很短。据美国学者们的报告:最短是 9 天半,稍长是 10 天至 14 天或 15 天至 18 天,偶尔也有到 21 天的。关于家蝇的寿命,许多研究者有各种记录,在自然界中的寿命也各有长短,大概 30 天,最长命的竟有到 60 天的。一年中可传六七代,若环境好一点,也有传到十代以上的。所以,家蝇繁殖的盛况,真是了不得:假定有一对家蝇,在四月里开始产卵,每回产卵 120 粒至 150 粒,就少些算它四回,而这些子子孙孙,直到八月底都还生存着,那么已有 191,010,000,000,000,000,000 只了。又假定一只家蝇有 1 立方英寸大,那么它们不但铺满了地球全表面,而且有 47 尺厚。

七　舞蝇的结婚

当暮春时节,偶立河边池畔,常见有无数小蝇贴水低飞,这就叫舞蝇,是水上有名的舞手。它们有一种奇异的结婚习惯,就在这里介绍一下。

希拉拉是一种小型的舞蝇。雄的一到要结婚时,常捉了小昆虫放在绢袋里带去,做引诱雌蝇之用。可是,真有趣,有时它竟把一片花瓣,或一粒种子,错认作小昆虫而带走。原来的目的,像是呈献某种食物给雌蝇,来表示雄蝇的赤诚，现在已变为一种仪式，自然难怪雄的要把花瓣、种子等误认作昆虫了。

我们如果把植物性的小片和动物性的什么，向贴水乱舞的它们抛去，不管是什么，它们必定追去捉住，把它用绢丝三重四重地缠绕，郑重地带走。

这种贴水低飞，实际是一种恋爱跳舞，由几千只排成一个大圆阵而款款飞舞。舞时常常分作上下两层：这些尚未交配的雄蝇近着水面飞，若有什么落向水面来，便赶忙去捉。有时分量太重竟触水了，雄蝇自己不沾水面，但总跟着这东西打旋，用种种方法，终究将它拿到水上而带走。总之，雄的如得到了某种合意的获物，便离开水面的同伴而加入上层的舞群。它在那边一面飞舞，一面等待雌蝇的飞来。它们所捕获的，不论纸片、垃圾，什么都好，恰和袋蜘蛛把纸片当作自己的卵囊，郑重地抱着同样。

这绢丝究竟是从哪里出来的呢？以前一直不明白，有的以为同蚕吐丝一样，是从蝇的口部分泌的，有的以为是从腹部的某处分泌的，可是这些推想都错了。最近日本松村松年检查舞蝇的前肢，见胫节的末端特别膨大，才知道这膨大部分就是分泌绢丝处。当它们捉到某物时，便从前胫节吐出这种液状的绢丝，把它缠绕。绢丝一碰到空气，立刻硬化，变成强韧的绢袋了。

北美洲有一种舞蝇，雄蝇在空中跳舞时，总抱着一个比自身大一倍的气球。这也和上面所讲的这种舞蝇一样，是雄蝇分泌物所成的气袋，里面总藏着一只小虫——这也是给雌蝇交尾后吃的礼物。某种舞蝇的绢袋和彗星相像，有一个长长的尾巴。

八　琐谈两则

蝇的脚上并没有什么吸盘，但它们却能在天花板上走，有的还要用两只前肢互相搓搓，或用后肢拂拂翅上的灰尘，表示它们虽颠倒着身躯，但满不在乎。

现在要研究的就是：蝇在飞的时候，不是背向天花板吗？那么它们要静止到天花板上去，必须翻一个身，这时的动作是怎样的呢？是一个倒翻筋斗上去呢，还是侧身一滚呢？最近（1934年）英国某学者发表了他的研究结果，说是蝇当要停到天花板上去时，先侧着身子横飞，用一侧的三只脚先搭上去，接着另一侧的脚也跟着上去。不过这时的动作非常迅速，不十二分留意，是看不清楚的。

蝇是谁见了都要讨厌的东西，但我国古代竟有画蝇的画家。据说三国时候，有一个名画家曹不兴。有一天，他替吴国皇帝孙权画屏风，谁知正当他一心一意渲染勾勒的时候，无意中滴了一点墨渍。这倒使他为难了：若重画一张，恐怕未必能画得这么好；若把滴了墨渍的进呈，又是大不敬。最后他想出了一个好方法，将这墨渍加上了两翅六脚，画成一只苍蝇，就这样献上去。

后来孙权看到这扇屏风时，竟误认作真有一只蝇停在那里，用手一回两回地去赶。

蜻蜓

一　种类

蜻蜓没有蛱蝶般美丽的翅,又不会像萤那样带着灯笼飞,在黑夜中来照耀人的眼目,更不会效仿蟋蟀和蝉作低吟高唱,只凭着敏捷轻快的飞行姿态,引起人们的注意。你看,当它贴水低飞时,真像掠水的春燕;平张两翅在空中游走时,更像打旋的鹰隼。它飞行的速度是一小时100里至150里[①],和我们的火车差不多[②]。有时它好像也要夸耀自己的速度似的,特地来和火车比赛一下。人们的双翼飞机,原有许多地方是模仿它造的,所以像掠空追敌和连翻几个筋斗时的姿态,正和蜻蜓追逐蚊虻时一般。

说到蜻蜓的种类,据外国学者统计,全世界大约有2,600种[③]。越是热的地方,种类越多。

蜻蜓虽有这么多的种类,但大致可以清楚地分作差翅亚目、均翅亚目和间翅亚目三种。间翅亚目全世界只有四种,

---

① 里:长度单位,1里等于500米。
② 1950年左右,我国火车时速约为70千米/时。
③ 目前全世界已知的蜻蜓种类超过6,000种,中国已明确记录约900种。

其余都可分别归入上面的两种。现在先把差翅亚目明显的特征来说一说。

差翅亚目是男性化的种类：体粗而刚健。左右一对大眼，在头上排得十分密贴。后翅的基部比前翅要阔些，所以叫作差翅亚目。当静止的时候，将两翅向体的两侧平张着。幼虫水虿①也全身坚固而胖，或阔而扁平。

白尾蜻蜓在九月左右出现，尾部的附属物是白色的，翅尖稍稍带点褐色。蜻蜓在八月里出现，身带青色，是我国大型的种类。女螪②身躯细小，体色美丽，雄的红色，雌的黄色。在我国古书上，红而小的叫赤卒，黄而小的叫黄离，大概就是这种了。雄的体长17毫米左右，雌的更小，只15毫米左右。六月里在池畔沼边，常常有得看到。

黄蜻蜓体褐色，密生黄毛，腹部第一节是黑色的，第四节以下有黑色的条纹，翅也略带黄色，各翅的前缘中央有黑褐色斑点，而且后翅的基部也有同色的斑纹。这般美丽的蜻蜓，在初春就出来了，比它更华美的红蜻蜓在盛夏才出现，所以表现着灼热的颜色，雄的身体尤其红得鲜艳。各翅的根部现玳瑁色，身长约40毫米。常在池畔沼边飞翔，往往停在水边的草上。

---

① 虿：读作 chài。
② 螪：读作 xīng。

蓝蜻蜓的翅色更特别：前后四翅除尖端外，全是有光泽的黑蓝色，而且因光线作用，更显露千变万化的色彩。头也是黑蓝色的，身子是黑色。当它在高空或树梢翩跹飞舞，或张了翅膀在空中浮着时，完全像蛱蝶一般。

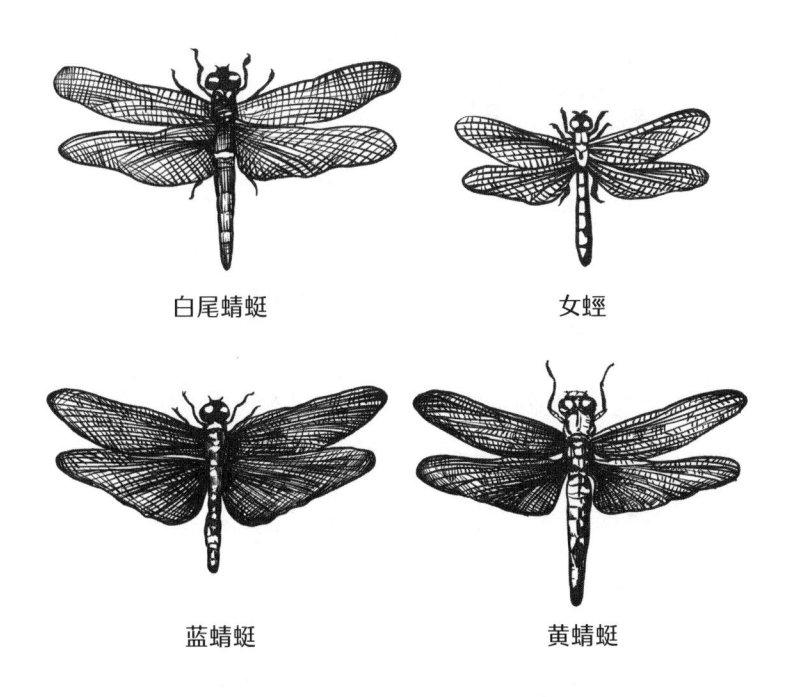

白尾蜻蜓　　　　　　女蟌

蓝蜻蜓　　　　　　黄蜻蜓

均翅亚目都非常柔和，楚楚可怜，翅多有艳丽的色彩，身子孱弱而细长，眼生于头的两侧，离得颇远。翅前后两对，都同形同大，基部尖细。静止时，把两翅垂直地竖在背上，翅面相合。幼虫（水虿）也颇细，尾端有三片翼似的尾鳃。最普通的种类，是水蜻蜓和豆娘。

水蜻蜓的身体和翅都十分细弱，动作又颇柔和，是女性化的蜻蜓。它们常常在池边河畔的树丛中栖息。它们不能像蜻蜓那样凌空高飞，在河面池上飞时也多贴水低翔。体虽放金光，但色彩少变化，翅色倒艳丽得多。产卵时或是雌的单独，或和雄的一起，顺着水草的叶后退，身子没入水中，将卵产进水草的茎叶里。

水蜻蜓

水蜻蜓的身子，长约 60 毫米。雄者的翅除基部外，全现赤橙色，体上更有一层淡青色的粉附着，而雌者的翅，只稍稍带一些赤黄的色调。这种蜻蜓常在河上飞翔。热带地方产的种类更多，翅透明或淡黄色，或再加上青蓝色、琉璃色等有光辉的斑点，鲜艳绝伦。

豆娘比水蜻蜓小，是蜻蜓界较小的种类。翅色并不美丽，体色若仔细去看，便能看出有很复杂的图案。它们常在草原水边出现，瘦怯可怜的身躯，有时竟因迷途而撞到我们的天井里来。产卵的方法和水蜻蜓一般无二。

黄豆娘全体黄色，只腹端几节是黑色的，长约 35 毫米，是一种美丽的蜻蜓。还有一种竹竿豆娘，长约 40 毫米。雄的青白色，雌的淡褐色，黑色的腹部间以青白的横条，节节分明，与竹竿相似。豆娘中最大的是青豆娘，长约 50 毫米，体现绿色，翅透明，常在水边树林间飞翔。它们产卵时，在树枝上开一个小孔，将卵塞进树皮的下面。树受伤的部分后来膨胀成瘤。河边的桑树、果树，遇到这种意外的敌人，常常受很大的损害。

　　剩在最后的间翅亚目，是兼有上述两类形质的中间型的蜻蜓：身子粗，有大而左右接近的眼睛，完全和差翅亚目一般；但两对翅同形同大，基部较细，

黄豆娘

竹竿豆娘

青豆娘

静止的时候将翅竖起，在背上合着，这等形质和均翅亚目无异。

这样有趣的蜻蜓是化石时代的遗物，那时曾兴旺地繁殖过，因为已从世界各地掘出许多化石。可是现已衰减，只有四种生存着：一种产在喜马拉雅山，一种产在日本各地溪间，两种发现于中国。

二 适于飞翔的构造

蜻蜓有着细长的身躯和两对大翅，所以具有迅速的飞行力，这是谁都知道的。这两对翅都是薄膜，用细的网状脉和中间几根粗的纵脉支持着。前翅和后翅有同大同形的，也有后翅稍稍大些的；静止的时候，有的水平地张着，也有的垂直地竖着。这些是蜻蜓分类上的重要根据。后翅的内缘向下方弯曲，这是升降的调节器。当它高高向空中上升时，便把这内缘向前方伸去；降下时，将它向后方缩。

飞得快的昆虫，必定要有能够看远处的眼。所以蜻蜓的眼，在昆虫界中要算最发达的了。蝶和蛾的眼虽也发达，但总不及它。蜻蜓的眼不光是大，而且构成复眼的小眼数又非常多，大概有 1,000 到 28,000 只吧！每只小眼只能映到物体一部分的像，要由许多小眼的像才能认识整个物体。而且当物体移动时，动的部分移映在别的小眼，所以不用转旋眼睛，便知道物体在移动。当急速飞行时，可以明晰地看到外界情形，对它是十分便利的。此外，和蜻蜓同样有一对大复眼的便是虻。家蝇也有 8,000 左右小眼。所以说，家蝇在头上开着 8,000 个小圆窗。

蜻蜓除复眼之外，头顶上还有三只单眼。我们如果用漆将它的复眼涂满，放了，它就一径向天空遥遥上升，最终不知飞到哪里去了。因此我们可以推想，昆虫的单眼只能感光，不能成像。

触角变成刺毛状，短细得几乎引不起人们的注意。上颚倒强硬得很，就是甲虫类的坚甲也能够毫不费力地咬碎。胸部很粗，向前下方倾斜的侧板发达，背腹两面反而十分狭细。所以脚不单生得比较在前方些，而且左右都互相接近。六只脚聚生在口的后面，而且脚的胫部生着一行细毛。若把六只脚一围绕，一只笼子便造成了。这种构造在空中捕捉虫类，是非常适当的，被捕的虫不容易从笼中逃走。而且脚既长在口旁，对于运食也比较便利。不过它的脚不能像别的昆虫那样步行，所以静止时要改变位置，必须再飞起一回，取食物也必在飞行时。

蜻蜓性情凶猛，不是活的虫不吃。因为它有这种习惯——专捕食为人类之敌的蚊、蝇、蝶、蛾等，所以实在是值得保护的益虫。

三　打箍和咬尾巴

我们常常看到，两只蜻蜓头尾相接，打成了箍在空中飞行。有时独只蜻蜓，自己把尾巴咬住了飞。这究竟是什么意思？难道在打架吗？但是咬尾巴又怎样解释呢？要明白蜻蜓打箍和咬尾巴的原因，须先将蜻蜓的腹部构造细细观察一下。

蜻蜓腹部的末端，有一对钩形的把握器，雄的特别发达。雄蜻蜓常将这钩形的把握器，去钳住雌蜻蜓的头部或胸部而飞行。而且它们腹部还有在别的昆虫身上绝找不到的、奇妙的特别构造，叫作副性器，是长在雄的第二、三腹节下面的复杂器官，作贮藏精液用。雄蜻蜓常常弯着肚子，把从尾端排泄出的精液预先贮藏在这里——这就是我们看到的蜻蜓咬尾巴。

雌蜻蜓的生殖器在尾端，形状是突起的。雌的头被雄的尾端钳住时，它也就立刻将腹部向前弯曲，使尾端抵到雄蜻蜓的副性器，插将进去吸收精液，这时两只蜻蜓成首尾相连模样，就是我们所说的蜻蜓打箍。普通所用的"交尾"这个词，对别的昆虫虽很适当，在蜻蜓这儿倒觉得有点儿不大吻合了！

四　点水蜻蜓款款飞

雌雄蜻蜓结伴飞行，有时是在搜寻产卵的地方，有时是正在产卵。它们发现了适当的池沼，料定有足够孩子们吃的食料时，便向水中产卵。有时我们看到红蜻蜓一面贴水低飞，一面将尾端蘸水，这就是唐朝大诗人杜甫所歌咏的"点水蜻蜓款款飞"的情形，实际是蜻蜓在产卵。有一些种类的蜻蜓，产卵时需要雌雄相联结。这是为什么呢？因为雌的身子轻，到水中就浮起，不能深深地潜到水中去，若有雄的帮助，便可以深深地潜入水中，一直浸到雄的腹基部。它们的卵深深地附在水草的茎上，这样可避免别种动物的捕食。

蜻蜓的卵，孵化而成幼虫。它们活泼地在水中动作，这叫作水虿。水虿有别的幼虫身上完全看不到的两个特点：第一，头部有一个假面具。这是下唇的变形，因为形状活像戴着假面具，所以就取了这个名字。

这假面具的基部变成了腕，附在口上，末端还有一双钩子。水虿也是肉食性的，捕食昆虫或小鱼。它要捉虫时，或是静静地等待，或是悄悄地找寻，遇到后，便突然将腕一伸，把假面具向前推出，用钩将虫夹住，再拉回来吃。

幼虫还有一个特点，就是用直肠呼吸。直肠里面有乳状突起，内部由毛细管组成，再分出气管到身体各部，这叫气管腮。在由肛门吸入的水中，交换氧气和碳酸气[①]。

水虿经过了几回蜕皮，就有翅的痕迹，这叫亚成虫。它

---

① 碳酸气通常指的是二氧化碳。

老熟后就爬上水草、木桩或石块，再蜕一回皮而变为成虫。幼虫期大概是一年，就以幼虫的形态过冬，到来年春天而变成虫。

五　太古时代的大蜻蜓

　　世界上现存的昆虫虽在 100 万种以上，但古代昆虫的化石却很少看到。据说已经发现的只 3,000 多种，约合现存种类的几百分之一。

　　为什么昆虫化石这样少呢？据学者们的研究，有两个原因：一是在海水中生活的昆虫极少；二是在含有水分的地方，形成昆虫骨骼的几丁质会溶解，所以不适于形成化石。

　　现在各国所发现的最古老的昆虫化石，多是属于石炭纪的。这时，脊椎动物中最早出现的鱼类，已经产生了。在石炭纪时代，地球的表面植物繁茂，昆虫已有许多出现，而且种类也颇丰富，因为这时的昆虫化石从系统学上来看，已相当进化，而不是原始的了。

　　在这少数的昆虫化石中，竟有一种古代巨大的蜻蜓。我们试仔细观察一下，便看到前胸有一对鳞片状的附属物，和现在鳞翅类的肩板相似。身子和直翅类相似，翅上有细细的翅脉密密地分布着，更和脉翅类相仿。此外都和现在的蜻蜓一般，可见现在的蜻蜓大体上还是比较原始的形态。

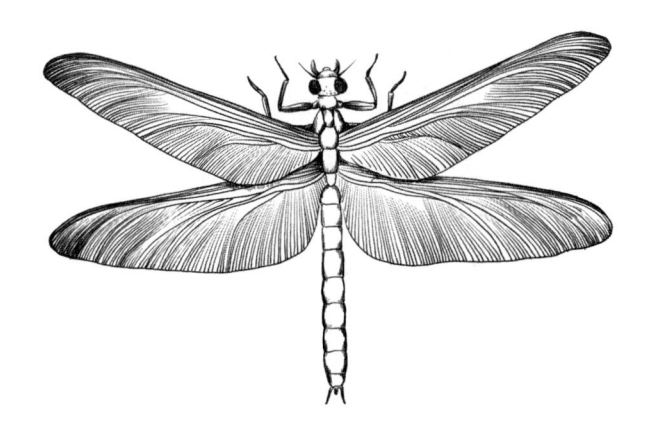

古代巨大的蜻蜓（巨脉蜻蜓）

这种古代蜻蜓真大得很，两翅张开足有 8 分米。当它在茂密的古代森林上空翱翔时，真同掠空低飞的双翼机一般。

六　薄翅描花

蜻蜓是孩子们最爱玩的昆虫，因为它既不会像蜂那样蜇人，又不会像天牛那样咬你的指头，更没有蝗虫般多刺的足和螳螂般见人便砍的镰刀。每当夏天傍晚，孩子们便在竹竿梢头装上一个篾圈，更缠上好多层的蛛网，东追西赶地去捉在水畔叶上休息的蜻蜓。捉得后，便用一根细线轻松地缚住胸部，放它在空中飞翔，但一端仍拿在手里，恰像玩氢气球一般。

这是现在各地通行的玩法吧！可是，古代的女子却玩得更有趣，更艺术化。据《清异录》记载，后唐时代的某宫女，有一天捉得了蜻蜓，爱它翅薄如纱，就用描金笔在上面画了一朵小小的折枝花，用金线编织成的笼子养着。后来，这事传到外边，卖花的人都照样在薄翅上画了花，装在金线笼里售给游女。富贵人家的檐前窗口，都得几只穿绣花衣服的蜻蜓来点缀点缀，一时竟成风气。

蟋蟀

一 异种类和异名

一到晚夏初秋，篱边墙下，便可听到低吟浅唱的蟋蟀声，可是又因种类不同，腔调也就各异。现在把最普通的几种介绍一下。

蟋蟀是我们通常捉来养着玩的一种。有些地方，因为它掘穴而居，又叫作穴居蟋蟀。从八月中旬起，直到十一月中旬，连续不断"瞿——瞿——瞿"地高叫着。

油葫芦体长 25 毫米，是蟋蟀中最大的一种。前翅发油光，现暗褐色，后翅折叠在前翅的底下，但还有长长的一截露出在外面，恰像添了一条尾毛，所以《事物绀珠》上说："油葫芦如促织而三尾。"成虫从九月中旬起便很多地出现了。它们常住在堤畔或农场的垃圾中，食害黄瓜、甘蓝、粟等，或住在人家附近的草丛中。鸣声是"各罗各罗……"或"壳罗壳罗期……"。在我的故乡（浙江萧山），它被叫作牛粪蟋蟀，因为翅色很像牛粪。

三角蟋蟀体长 2 厘米左右，翅现黑褐色，上面还有黄纹。雄的颜面恰像削过般呈一平面，头部有三个大的突角。

蟋蟀　　　　　　　　油葫芦

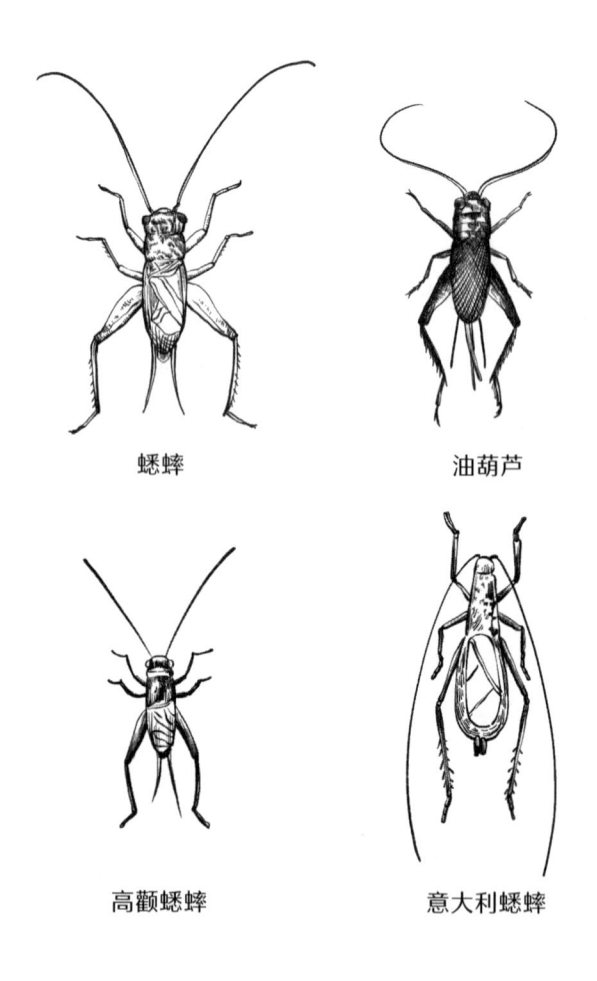

高颧蟋蟀　　　　　　意大利蟋蟀

通常在垃圾堆中"利、利、利、利……"这般短促地鸣叫。这种三角蟋蟀，在我的故乡多叫作棺材头蟋蟀，因为其颜面同棺材头相似，因此又产生了一种迷信：若捉了拿到家里去，就会发生不祥的事。

　　高颧蟋蟀和三角蟋蟀相似，不过雄者头部的突角不大显著。从十月中旬起出现，在堤畔或其他光线较少的地方"利利利利、利利利利……"这般断续低鸣。有时会光临屋内——尤其是灶旁。

意大利蟋蟀身子细小怯弱，体色苍白——有的几乎雪白。它住在各种灌木和长草上，喜欢在空中生活，降到地面来的时候很少。它的歌声听起来像"古利矣矣、古利矣矣"，缓慢而柔和，更略略带一些颤音。听到这种歌声，便可推知其振动膜很薄而阔。从七月直到十月，每天从太阳下山时起，它都要继续不绝地叫到半夜。

蟋蟀不单有这许多异种，就是普通蟋蟀，也因方言关系，又有许多异名。像蛩[①]，是它已经早早有了的异名，又因为它要低吟浅唱，就叫作吟蛩。它在秋天叫得最起劲，仿佛在催促人们赶快织布，准备寒衣，因此又叫作促织和趋织。俗谚说："促织鸣，懒妇惊。"于是山东济南就叫它懒妇（见《古今注》）。汉朝龙骧子，自己的名字叫作邛，与蛩同音，就把蛩改叫作秋风，这是因个人的方便而替它加上的异名（见《清异录》）。此外还有王孙（见《毛诗草木鸟兽虫鱼疏》）、投机（见《埤雅》）、莎亭部落（见《清异录》）等特别的名字。

[①] 蛩：读作 qióng。

二　形态

蟋蟀的口器，是由广阔得几乎盖住了全部口的上唇，从中央开裂、分成左右两部的下唇，尖端锐利而坚牢的一对上颚，和躲在上颚下面同针一般细小的下颚，以及中央负责搅拌食物的舌这五部分组成，所以属于咀嚼式，有颇强的咬嚼力，适于草食。

蟋蟀的胸部也和别的昆虫一样，是由三个环节构成。前胸生一对前脚，中胸和后胸各生一对脚和一对翅，可是前胸特别大些，恰像我们卷了围巾一般。那么蟋蟀的前胸为什么会长成这等模样呢？大概当它一跳落下来时，即使头部碰着了什么，也可因这围巾状的前胸而得以缓和打击，免得颈部受伤。

我们再来看它的翅膀。上面已经说过，有前翅和后翅各一对。有的种类后翅已经退化，只留着一些痕迹，藏在前翅的底下。前翅发油光，呈暗褐色，狭长形，质地稍硬。后翅虽雌雄同一形状，前翅却不同，雌的只有细的网状翅，雄的还有美丽的波状脉，这就是它能够歌唱的缘故。

我们捉蟋蟀时，如果光抓住了它的一只脚，它便留下这脚而逃走了。这是一种自卫的手段：身体的一部分已经陷在敌人手里，除舍去之外没有自救的方法时，便只好将这一部分身体"自切"而逃命了。"自切"并不是利用敌人拉扯的力而脱下，是它自身有一种特别装置，可以随意地将这部分脱下。除蟋蟀之外，像蟹、蝗虫等的脚和壁虎的尾，都能够随意脱下，在危险中逃命。不过因为蟋蟀寿命太短促，所以脱下的脚不会再生。

三 翅和歌声

蟋蟀能鼓翅发声，这是谁都知道的。那么这样小小的两片前翅，为什么能发出这般清朗的声调呢？我们应该把它的前翅构造再来考察一下。

蟋蟀的两片前翅，是右翅盖在左翅的上面，几乎全部盖着，只两侧呈直角曲折的部分密贴在腹部侧面。这两片翅是同样的构造，所以只需观察一片就行了。那么就看左翅吧：它在背上的部分几乎水平，上面有漆黑而粗的翅脉，侧面呈直角曲折的襞包住了肚部，上面有斜斜地平行的细脉。全体翅脉构成了一个复杂的、奇妙

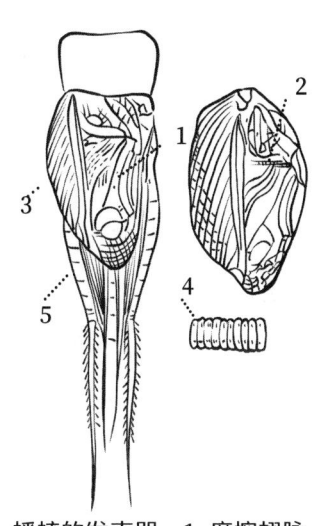

蟋蟀的发声器：1. 摩擦翅脉；2. 弓；3. 摩擦面；4. 弓的放大；5. 腹部。

的图案，有几处好像阿拉伯的文字。

如果拿来透光一看，便见到有极薄而带赭[①]色的、相邻的两处，它们是特别透明些的。前方的比较大些，呈三角形；后方的比较小些，呈卵形。各有一条粗的翅脉镶边，有几条细的皱纹。前方的，此外还有四五根辅助用的"橡木"，后方的只有一根，曲成弓形。这两处便和螽斯类的鸣镜相当，是发音面。这膜实在比别部分薄些，呈半透明。

前端的四分之一，平滑略带赭色，用两根平行的弯曲翅脉和后方分界。这两条翅脉中间留着一个凹处，中间有五六个黑色小襞，恰像石阶一般。这等折襞构成摩擦翅脉，增加弓的接触点，使振动更加强大。

在这有石阶般小襞的凹处那面（翅的下面），有一根翅脉，上面有锯齿状的突起，这就叫作弓。你如果去数一数，便知道约有 150 个齿——虽叫它齿，其实是很好的三角柱。

右方的翅完全和左方的一模一样。当它发声时，先把前翅举起，大约呈 45 度的角度，而且左右两翅再稍稍分开，用在上方的右翅上的弓，摩擦下方左翅的发音面上的翅脉。这时左翅的发音面自不用说，右翅的发音面也因弓的摩擦余动而起振动了。四处发音同时振动，所以发出很强的音调，

---

① 赭：读作 zhě，红褐色。

连几百米外都能听到。

既然左翅和右翅一样,那么用左翅的弓去擦右翅的发音面总也可以吧!或者轮流用用,也可减少肩头的疲劳。其实因为右翅合在左翅上面,发音的时候不能上下交换一下,所以左翅的弓,简直是无用的装饰品。

蟋蟀虽常和蝉比赛,但它不像蝉那样只发出单调的噪声。它能将两翅举起或放下来变更音的强度,就是因翅缘和柔软腹部的接触面的广狭,变成低声微吟或放声高歌。

它的歌声又和空气的温度有关:当残暑未消时,它拼命高唱;金风乍起,玉露送凉,它也就凄凄切切地低吟了。在交尾的时候,通常也不发高声,只"唧唧瞿——唧唧瞿——"地低声唱它的欢乐歌。这种声调在我的故乡,叫作蟋蟀弹琴。

四 巢穴

这是昆虫历史上传下来的一段逸话:

曾有一只贫苦的蟋蟀,在自己门口曝日。
一只美丽的蝴蝶,不知从哪里飞来。
这蝶有两根长长的须,真漂亮,真好看。
淡蓝色的月斑,连成一串,

黑线上，还有点点金光。

"飞呀！飞呀！"隐士对蝴蝶说，

"花枝上，朝朝暮暮；

你的蔷薇，你的雏菊，不及我卑陋的小舍。"

他的话真不错。暴风骤雨来了，蝶便落在泥潭里。

它破碎的遗骸上，天鹅绒都染了污渍。

可是，不怕风雨的蟋蟀，

不管雨打、风吹、雷鸣，躲在小房子里，毫不在意地瞿瞿低唱。

啊，谁都在东奔西走，找寻快乐和鲜花。

卑陋的家庭与家庭中的和爱，

倒是使我们免除忧患。

上面是法布尔在《昆虫记》中歌咏蟋蟀的诗。他不称赞它的歌声婉转，而只推崇它的造巢能力。的确，蟋蟀是造巢的天才。别的昆虫，多在开裂的树皮、枯叶、石砾的下面暂时寄身，独有这种蟋蟀，轻蔑现成住宅，要拣好向阳而合乎卫生的草原，用自己的力，从穴口直开掘到深处。

穴的内部非常朴素，可是并不粗陋，它已费了长长的时间，把不愉快的凹凸全部消除了。从穴口起，先是一条指头般粗，六七寸长的走廊，走廊的尽头便是一间卧室，比别处打磨得更光滑、更宽大，这是它休息的地方。穴内非常清洁，毫无湿气，很合卫生。虽然不见得怎样复杂和宽敞，但对于没有什么掘穴工具的蟋蟀来说，真同开一条大隧道一样啊。

除交尾的时候外，穴里总是住一只蟋蟀。若有不愿自己开掘的懒惰者来夺穴，便会起一场大争斗。当然，这穴是属于优胜者的了。

五 产卵和孵化

要看蟋蟀产卵，不必怎样大规模地准备，只需有点耐心就行了。六、七月里，捉一只雌蟋蟀，放在底上铺着一层泥

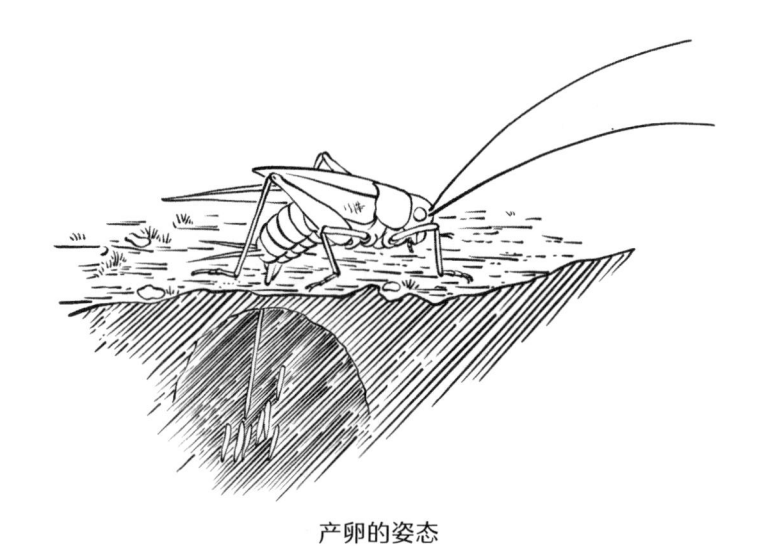

产卵的姿态

土的花盆里,再用玻璃或铜丝网罩着,防它逃走,而且常常更换鲜菜叶,不要使它挨饿。这样布置停当后,如果你还肯热心地一次次访问,那一定能够给你一个满意的报酬。

雌蟋蟀产卵时,将产卵管垂直地插入泥土中,静静地伏着,过了许久,拔出产卵管,休息一会儿,再到别处去。在它势力范围内的全面积上一次次地反复着,大约经过24小时,产卵工作方才完毕。

我们如果拨开花盆中的泥土,便能看到呈两端圆的圆筒形,长约2毫米,似黄色稻草的卵各各孤立,垂直地并列在土中。凡是2厘米深的地方便能寻得。一只雌蟋蟀要产五六百枚卵,卵数这般多,大概在短期间内还要经过残酷的淘汰。

卵在产后的第十五六天,两点圆圆的带赭色的黑眼,在前端隐隐地看得出了。这时,这两黑点的稍上方就是圆筒的顶点,有一个小小的圆圈痕显现,这就是破裂线。不久,卵透明了,连幼虫的环节都看得出。后来,卵顶被这蛰居者的额一顶,就沿着破裂线分离,抬起,挂在一边,恰像小坛的盖子。小蟋蟀就从这魔术箱里出来了。

幼虫出来后,壳依旧膨胀地留着,光滑、洁白,没有伤痕,球帽似的盖子倒挂在口上。鸟卵壳往往被雏鸟啄得七洞八穿,但蟋蟀的卵壳倒有更好的装置,只需用额一顶,便因铰链作用完全像象牙筒似的开了。

　　抬起象牙筒似的盖而出来的小蟋蟀，身上还有襁褓似的一层薄膜紧紧地包裹着。蟋蟀有着长长的须和长长的腿，就这样从卵中出来，一定砸砸碰碰，有许多不便，所以要这样一件产衣。当它一出卵口，便把这层薄薄的襁褓脱去了。

　　脱去薄纱般的襁褓，洁白的小蟋蟀立刻和头上的泥土开战。它用颚咬啊，扫啊，有细碎的尘埃，便用脚蹴向后方。终究到达地面，浴着和暖阳光，同时，和虿一般大的、非常孱弱的它，已投身在生存竞争的危险旋涡中了。经过24小时，体色变成黑檀色，和成虫相仿。当初洁白的身躯只剩一条狭狭的白带绕在它的胸际，恰像刚学步的孩子，胸口缚着一根牵带。它舞着长长的触角，慢慢地走，高高地跳，只需提防要残杀它的敌人——蚁。

　　到十月底，天气逐渐冷起来，蟋蟀就着手掘穴了。起初掘得很起劲，在容易掘的土地上，只需两小时光景，就全身没入地下。此后得到闲暇，便每天掘一点，所以随着天气的加冷，身子的长大，它的穴也渐渐深、渐渐大了。这样在地下过冬，到来年春天，又跳到地面上来。

六　交尾和争斗

　　蟋蟀是雌雄别居，大家都不大愿意出门。那么终究是哪个出门呢？是叫的雄虫走到被叫的雌虫那边去呢，还是被叫的雌虫走到雄虫那里去呢？若说在交尾时期，鸣声是远远地隔离着的两家间的向导，那么应该是哑的雌虫走到饶舌的雄虫那儿去。可是，你如果细细观察就会发现，好像雄蟋蟀有一种特别的方法，能够追寻无声的雌虫。

如果有两只求婚者，便要起激烈的斗争：双方相对立起，劈头便咬头盖——但这是很结实的兜，上颚咬不进的。接着，扭结着在地上打滚，再立起，各自分开，败的便赶忙逃走，胜的高唱凯歌。

此后，胜利者便在雌虫的周围骨碌骨碌地兜圈子。它用"指尖"将一根长须拉到颚下来，细细地玩弄，涂上一层唾液，又将穿着铁跟靴、缠着红带的长后肢，焦灼地踏地，或向空中弹蹴。两翅虽迅速地颤动，但并不发声，即使发一些微音，也是不整齐的擦音。

求婚失败了。雌虫已逃跑而躲入草丛中，但它还在牵帷眺望。这恰和古希腊牧歌中的名句所咏一般：

　　逃向柳荫深处，
　　好从隐处观瞧！

恋爱的历程，是到处都相同的。

歌声又起，是低低而夹着颤音的。雌蟋蟀终究因这般的热情而动心，从隐处出来。对方走到雌虫的面前，忽又掉转身来，尾巴向雌，伏着倒退，一步一步地逼近来，再三地想滑进雌的腹下。这奇妙的后退运动终究达到目的，一粒精囊，比针头还细小的微粒，摇摇地落下了。

10米左右的长距离旅行，对蟋蟀来说真是一件大事业。事情完毕后，平常幽居鲜出、地理不熟的它，已无法回家了。它已没有重新掘穴的时间和勇气，只得在草畔彷徨，往往做了巡夜的蛤蟆的点心，得到悲惨的结局。它虽因求爱而失家杀身，但已完成了传种的神圣义务。

七　促织经

唐朝人多喜欢捉得蟋蟀养在小笼子里，放在枕畔，夜里听它的歌声。到了宋朝，江浙一带，已有用斗蟋蟀来赌钱的了。斗时，必先依着虫的大小轻重来搭配，赌钱的人也各认定一方，任意下注，然后在特别的盆中用草牵引，开始争斗。由两虫的胜负来决定钱的输赢，凡常常得胜的蟋蟀，便有什么将军的封号，死后还要用金棺盛了埋葬呢！

南宋时代的宰相贾似道，便是和蟋蟀最有缘的。那时建都临安（现在的杭州），他便在西子湖边造了一间别墅，叫作半闲堂，在里面大斗蟋蟀。他在《促织经》中大大地赞美道：

> 暖则在郊，寒则附人，若有识其时者；拂其首则尾应之，拂其尾则首应之，似有解人意者；甚至合类颉颃①，以决胜负，而英猛之态甚可观也。

他还在《促织经》中把选择法、饲养法、疗治法说得清清楚楚，现在就再抄录一节吧：

> 出于草土者，其身则软；生于砖石者，其体则刚；生于浅草、瘠土、砖石、深坑、向阳之地者，其性必劣。赤黄，其色也。大抵物之可取者，白不如黑，黑不如赤，赤不如黄。……赤黄色者，更生头项肥、脚腿长、身背阔者为首也。黑白色者，生之头尖、项紧、脚瘦、腿薄者，何足论哉！
>
> 惟有四病，若犯其一，切不可托之，何也？仰头，一也；卷须，二也；练牙，三也；踢腿，四也。若两尾高低，曾经有失；两尾垂萎，并是老朽者也，其亡也可立而待。

---

① 颉颃：读作 xié háng，指不相上下，相抗衡。

看法：一促织有红白麻头、青项、金翅、金银丝额，上等也；黄麻头次之；紫金、黑色又次之。

论色：白牙青、拖肚黄、青金翅、狗蝇黄、红头紫、紫金翅、乌头金翅……

杂相：锦蓑衣、肉锄头、金束带、齐脊翅、梅花翅、琵琶翅、油纸灯、三段锦、红铃月头额、香师腊铃……

赵九公养法：鳜鱼、茭肉、芦根虫、麻根虫、胡刺母虫、断节虫、跳虾虫、蚊虫、扁担虫，俱可喂之。

（医治之法：）嚼牙狭食，暂喂带血蚊虫；内热慵鸣，聊食豆芽尖叶；落胎粪结，必吃虾婆，失脚头昏，川芎茶浴；如若咬伤，速用童便、蚯蚓粪调和，点其疮口。

这位宰相养蟋蟀的经验确是丰富，你看他能说出这许多诀窍。可是仅保的半壁山河，又在瞿瞿声中，动摇了，亡失了。

蝗虫

一　种类

蝗虫是螳螂和蜚蠊①的远亲，但和螽斯（蝈蝈儿）倒是弟兄辈分，你看它除触角呈鞭状而短，雌的产卵管不长，变成短短的钩状，雄的生殖下板很强大，呈舟形，藏着交尾具等几个特点外，几乎完全与之相同。

蝗虫种类多得很，有几种只栖息于南美或西欧，现在将我国常见的几种介绍一下。

大蝗虫，体长50毫米到70毫米，全身现黄褐色或绿色，而且略略带一点天鹅绒般的闪光。上颚是蓝色，前胸背部的中央有一条纵向的隆起。前翅很长，盖住了腹部及腿部许多刺，翅面有黑褐色的斑点。后腿节是鲜红色。幼虫起初是白色，不久就变暗灰色。常常结成

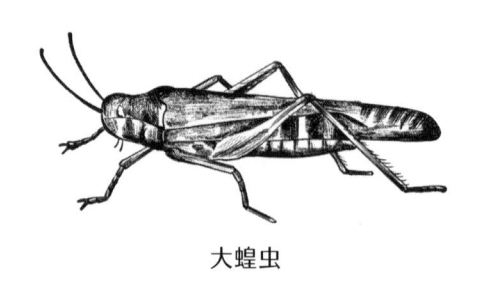

大蝗虫

---

① 蜚蠊：读作 fěi lián，蟑螂。

红脸蝗虫

大群到处飞行。

红脸蝗虫，体长 30 毫米到 60 毫米，一般多现褐色，偶然也有别种色彩的。脸带赤褐色，前胸比头部更细，背面突起的纵纹是黑色的。前翅比腹部长，有黑褐色的斑点，近着中央还有几点灰白斑。后翅透明，末端稍稍暗些。后肢的腿节是淡红底色上散布着黑斑，胫节端是赤褐色，跗节是黄白色。这是草丛中常常遇到的一种，会"其、其、其"地鸣叫。

车轮蝗虫，雄的长 40 毫米左右，雌的是 50 毫米左右。体现绿色或褐色，触角黄色，前胸的纵走隆起和两侧的纵条是黑色。前翅绿色，两侧呈黑褐色，还有两三条纵走白纹，

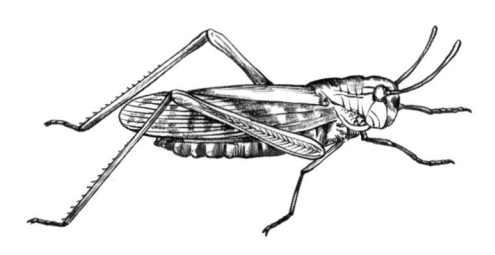

车轮蝗虫

外缘有黑褐纹散布着。后翅的基部现绿黄色，外面有一黑带绕着，张开时恰像车轮，车轮蝗虫的名字也是因此而来的。后肢的腿节上有小黑点散布着，胫节是红色的。

此外像捣米虫和蚱蜢，也是蝗虫科中常见的昆虫，就顺便在这里介绍一下。

捣米虫，雄虫体长 40 毫米左右，雌虫 85 毫米左右。全身现绿色或褐色，有的有斑条，有的没有斑条。头呈圆锥形，突出，有一对扁平呈剑状的触角。雌虫的头部两侧有桃色的纵纹，前翅的中央又有一条纵走的白纹。飞翔时，发"克几克几"的摩擦音。如果你抓住它两只后肢的胫部，它全身便一俯一仰动个不休，恰像捣米一般，所以得了这样一个名字。

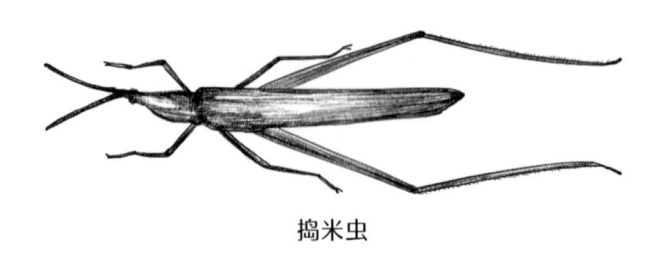

捣米虫

长翅蚱蜢是有名的稻的大害虫，分布于东亚各地。体长 30 至 50 毫米，现黄绿色，前胸的两侧有褐色纵纹。前翅比腹部长许多，前缘还有深深的缺刻。

脊条蚱蜢，雄的体长 30 至 40 毫米，雌的 60 至 70 毫米，

长翅蚱蜢　　　　　　脊条蚱蜢

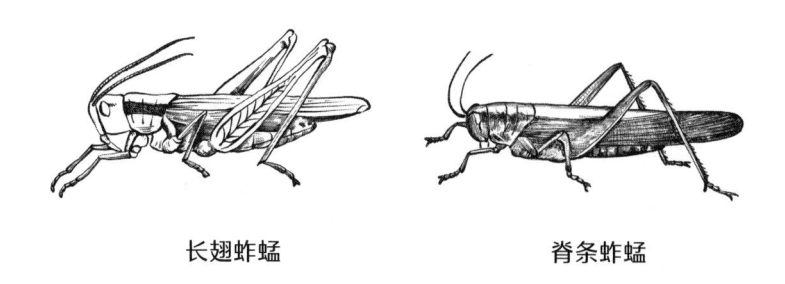

体现黄褐色或赤褐色。从头顶直到前翅的后缘，有一根粗的黄纹，复眼的下面长着粗的黑条。前胸两侧有黄白两条，中间还夹一根黑纹。前翅很长，超过尾端，呈黄绿色，但基部呈黄白色，中央及外缘有褐色的斑纹散布着。后翅暗褐色，翅底带赤色。

二　鸣声

当蝗虫吃得饱饱的，在日光中陶然休憩的时候，为了表示满心喜悦，它用粗胖的后腿，或右，或左，或两方一起，擦自己的腹侧，发出针头划纸似的低低摩擦音，每反复三四回休息一下。其实这不过像我们感到满足时的擦手，不能算什么鸣声。像大蝗虫和捣米虫，当飞行的时候，前后两翅相击，发出"葛几葛几"的声音，也不大像音乐。

唯有红脸蝗虫等，能用有特殊构造的后腿摩擦前翅，发出"嚓——嚓——"的声音。虽没有蟋蟀、蝈蝈儿的歌那样好听，但在寂寂旷野中，听到这样单调而哀愁的鸣声，谁都会涌起诗情吧！

这种蝗虫的后腿，上下面都有龙骨形的隆起，而且各面还有两根粗的纵脉。粗脉中间都有呈锯齿状的突起。不过被腿节摩擦的前翅下缘，只有几根粗脉，此外并无什么变化。而且这几根粗脉既不是同锉一样粗糙，又没有齿形。这样简单的乐器，要发出人们听得见的音乐，它必须起劲地将后腿举起、放下，动个不休。

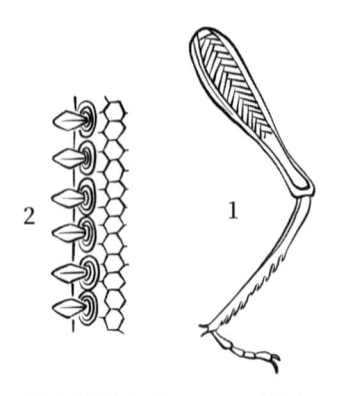

蝗虫的发声器：1. 后肢的锯齿面；2. 锯齿面的放大。

当天空中断云飘浮，太阳时现时隐的时候，你若去观察它们的歌唱状况，便能得到下面的结果：当阳光照着时，两腿迅速地擦动，歌声虽短促，只要太阳不躲进云里，总之反复下去；云影移来，歌声立即停止，等待阳光照临时再唱。

发音的动物，大概都有耳朵的。蝗虫类的耳在腹部第一节的两侧。这是半月形的鼓膜，下面装有导音器、听细胞、听神经，第二龄的幼虫能够从外面看到，不过也有终生不露什么痕迹的。

三 产卵

蝗虫交尾是雄虫走近雌虫,这时,有鸣器的种类便起劲发音。到后来,终究攀上雌的背面,伸长蛇腹式的肚子,左弯右屈地把尾端和雌的相接。这种交尾形式和螳螂相同,和蟋蟀各异,完全是交尾具形态的关系,这里不详述了。

母虫产卵总在四月下旬。它选择了向阳的地方,通过不断的努力,将尖端圆钝的腹部垂直地插入泥中(也有产卵在朽木中的),直到全部埋没。因为并没有什么另外的穿孔器,不大容易插入,它常常感到踌躇,但终究凭着坚忍的精神而达到目的。

母虫到身子一半埋入泥中时,辛苦的工作也告成了一半。它又把身子仰一仰,这是将卵挤出的动作,所以每隔一定时间反复一回。大约经过 40 分钟,母虫赶忙将腹部从泥

蝗虫的产卵

中拉出，向远方跳去，既不看一看产下的卵，也不扫拢泥沙来遮盖孔口。

蝗虫没有蟋蟀般长的产卵管，但卵若不放在相当深的泥中，湿度不够，所以只好尽可能地伸长腹部。若把产卵的雌蝗从穴中拉出来，诸位看了必定要吃惊，因为环节间膜已出乎意料地伸长，而成透明的腹部了。

蝗虫类的一个卵块，含有 30 到 60 枚卵，还有黏液做成的外包。

四　从蝻[①] 到蝗

蝗虫的幼虫有一个特别名字，叫作蝻。形态上和蝗的不同就在两对翅。蝻的前翅是小小的三角形，上端附在背上，和前胸甲的隆起相连接，两尖端左右分开，恰像一袭因为可惜布匹而做成的齐胸短衣。里面还有两根细的皮带，这是翅的萌芽，比前翅更小。

蝻完成了最后一次的蜕皮，就成蝗虫，中间不必经过蛹的时期，所以叫作不完全变态。研究昆虫的书本上虽这样清清楚楚地写着，但读者总觉怀疑：形态这样复杂的蝻，难道也能像蛇那样蜕皮吗？生着两行细刺的脚，怎能蜕得出呢？

---

① 蝻：读作 nǎn。

从蛹到蝗

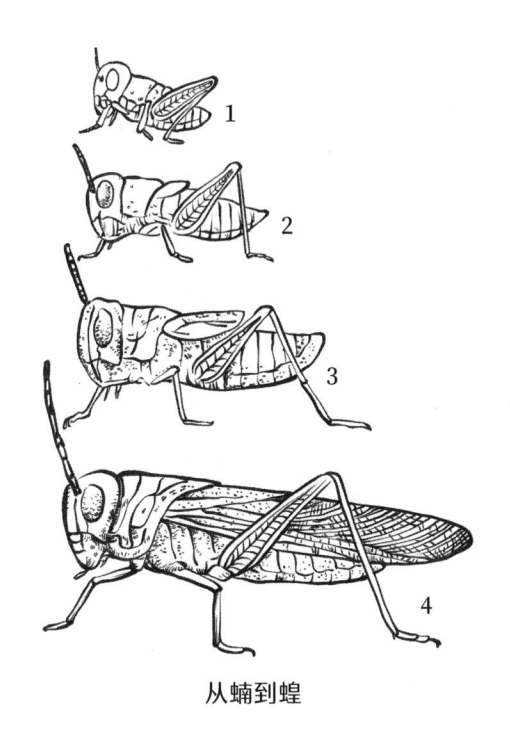

还是同死去的表皮那样,零零碎碎地脱落?

假使你有耐心,你便能看到从蛹变蝗的经过:

当它用爪仰向挂在某物上,前肢缩在胸口,三角形的小翅尖端向左右张开,中央露出两片狭狭的薄板。这就是全身保持安定的蜕皮姿势。

最先,不能不把旧衣撕破。前胸甲的背面,隆起纵纹的下面,起一胀一缩的鼓动,项颈的前方也有同样的运动。大概在要破裂的甲壳下面全都有这等运动,不过只有装着薄膜的接合处能让我们看到。

蛹所蓄积着的血液齐向这中央部涌来。外皮尽可能地伸展，终究沿着预先准备着的、抵抗力最少的一线破裂了。裂口和前胸甲一样长，恰恰开在隆起部的上面。它的外皮，除这抵抗力最少的一线外，不论哪部分，绝不会破裂。裂口渐渐伸长，后方直到翅根，前方达到头部，达到触角，再在那里向左右各分一条短短的枝，背脊可从这裂口看到了，极软、苍白、略带灰色。不久渐渐膨起，渐次变成了瘤，终究完全蜕出。

接着，头部也拉出了。面具照旧留在原处，丝毫不改变。两只已经什么也不看的玻璃眼睛，实在奇妙得很。触角的筒并无皱襞，丝毫不乱，保持着自然的位置，从这死而透明的面上垂着。

这回是轮到前肢了，接着是中肢也脱下了手套，依旧是不裂不皱，保持着自然的位置。这时，虫只凭长长的后肢的小爪挂着，它的头向下，垂直地下垂，我们若用指头去碰一碰，便像钟上的摆那样摇摆不定。

这回是翅膀拉出来了。这简直是四片狭幅的破布条，又像嚼碎的纸捻头，而长度也只是长成后的四分之一，非常细弱，垂在体的两侧。应该向着后方的翅尖，现在竟向倒挂着的虫的头部方面，恰像四片厚肉的小叶，受暴风雨的侵袭而萎垂。

　　这时，拔后肢了。大腿在里面呈淡蔷薇色，一会儿，这种色彩变成了浓红色的线条。照我们想来，拔后肢倒并不难，因为有庞大的基部和大腿，替细细的胫部开了通路。

　　可是，事实上没有这样容易。蝗虫的胫部有两行锐利的针状突起，还有四个粗爪附着在下端。螨的胫部也是同样构造：一个一个钩爪，用同样的钩爪一一包着。一个一个齿，也是嵌在同样的齿里面。这锯子般的胫节，能够毫不损伤它狭长的鞘而拔出，若不是亲眼看到，总不能相信有这回事。

　　才刚蜕出的肢柔软得很，不适于步行，但过几分钟就相当硬了。于是，拔腹部了：这薄薄的上衣，起襞、生皱、缩成一团连在尾端。这尾端暂时嵌在壳里，此外，蝗虫已全身裸体了。

　　它头向着地颠倒挂着，现在着力点是空的胫节上的四个小爪。这四个小爪全部在作业中，绝不移动。尾端粘在壳上，定着不动。肚子非常大，里面贮满了可构成组织的体液，这液立刻用在翅的发展上。

　　它休息了20分钟左右，背脊一挺便向上了，再用前肢的跗节攀着挂在上面的空壳，退出尾端，身子摇摆一下，空壳便坠地了。

　　完成了这种繁重的工作后，穿着齐胸短衣的跳螨，就变成遮天蔽日的飞蝗了。

五　蝗群

蝗有集成大群飞行各地的习惯。1889 年，红海附近出现的大蝗群，面积有 2,000 平方里[①]；以一只重 1/16 盎司[②] 计算，全体已有 42,850,000,000 吨重。在远处的蝗群，恰像雨云一般。飞行的速度，一般是每小时 10 至 20 里，若乘着顺风，四五十里也并不稀奇。高度约两三千尺。拍翅发声，和骑兵赴战场时的马蹄声一般，又像暴风乍起吹卷船桅。蝗群经过时，在附近的一切蝗虫都全部加入，连无翅的跳蝻也向着同一方向行进。地面不比天空，有重重的障碍，不让它们一直线地行进，可是，跳蝻坚决的意志竟战胜重重难关：若有墙垣拦住，它们便攀升；若遇流水阻隔，便浮水而渡；有时各自咬住别虫的脚，跨河架起一条活桥，牺牲一部分，让多数同类渡过去。

蝗群若降到地面，因虫数比草叶更多，青青的草原立刻变成赤土。阿拉伯人常常受蝗群的迫害，害怕得很，竟将其认作是一种天降的恶魔来向人类复仇。他们想象中的蝗虫，是有牡牛的首、牡鹿的角、狮子的胸、蝎的尾、鹫的翼、骆

[①] 约 500 平方千米。
[②] 盎司：既是重量单位，也是容量单位。1 盎司 ≈ 28.35 克；1/16 盎司 ≈ 1.77 克。

驼的腿、鸵鸟的脚和蛇的尾巴的怪物。它具有一切动物中最强的、最快的、最可怕的特性。他们还相信，蝗虫只产99粒卵，若满100粒，它的孩子们便要吃尽全地球。北美洲最有名的蝗虫，叫作落基山蝗虫。政府为了对付它，还特地设立了一个特别机关。

我国历朝都有蝗灾，真是记不胜记。现在把《玉堂闲话》中关于晋朝天福末年大蝗灾的记录，介绍在下面：

> 羽翼未成，跳跃而行，其名曰蝻。晋天福之末，天下大蝗，连岁不解。行则蔽地，起则蔽天。禾稼草木，赤地无遗。其蝻之盛也，流引无数，甚至浮河越岭，逾池渡堑，如履平地，入人家舍，莫能制御。穿户入牖，井溷①填咽，腥秽床帐，损啮书衣，积日连宵，不胜其苦。郓城县有一农家，豢豕十余头，时于陂泽间。值蝻大至，群豢豕跃而啖食之，斯须腹饫②，不能运动。其蝻又饥，唼③啮群豕，有若堆积。豕竟困顿，不能御之，皆为蝻所杀。

---

① 溷：读作 hùn，厕所。
② 饫：读作 yù，饱。
③ 唼：读作 shà，吃，咬。

在草原上点点飞跃，引得小孩们东奔西赶地追逐的蝗虫，竟能这样加害于人，真是万万想不到。关于它们群飞的生理原因，直到现在还不曾研究明白，这里也只好略去不谈。

六　治蝗

据说埋在泥中的蝗卵，若遇大雪，便要深深地往下钻，来年不得孵化。所以苏东坡《雪后书北台壁》的诗中，有"遗蝗入地应千尺"的句子。这究竟是否为事实，还需经过实际的考察，但采掘卵，要算治蝗的最根本办法。五十年前，日本北海道发生飞蝗灾害，开拓使就悬赏收买卵块，竟有不少因此发财的农家。

南非洲英国殖民地发生大蝗灾时，他们便张起布幕，拦住去路，使蝻全数坠入幕下新掘成的沟中，布幕的下沿还缀上光滑的皮带，防它们攀登。但这种方法只适用于蝻，若已长成长翅，漫天飞舞，你再也休想拦阻它们。

现在南非地方，对付这种飞蝗是用煤气烧杀，但也有连植物都烧死的缺点。如今已经发现的有效方法，是在蝗幼虫时代，将砒酸铅、巴黎绿等毒药撒布在食草上，把它们毒毙，不过，一切家畜都需隔离。

这等凶横的蝗虫，其实也有许多天敌。到了秋天，常常有死的蝗虫停在草上，这是被一种特别的菌类寄生的缘故。

还有一种名叫美而米司的蛔虫，寄生在蝗虫的体内，当它从肛门外出时，寄生主蝗虫就死了。豆莞菁要吃蝗虫的卵。此外像螳螂等，更是以蝗虫为主要食品。人们如果能保护这些昆虫和菌类，那么，蝗灾也可减少几分。

七　几则蝗虫食谱

蝗虫要掠夺人们的粮食，但另一方面，人也在吃蝗虫。南非地方有吃蝗的人：他们除去蝗虫的翅和脚，再将它研碎，作为日常的食料。有时涂上麦粉，到油锅里去炸一炸，做成一种煎饼，这算是细点心了。平日把蝗虫放在火上一炙，蘸了酱油就吃。

在古阿拉伯国里，蝗虫算数一数二的上等肴馔，当举行祭典或庆祝时，台面上无论如何不能缺少这道菜。现在把独玛将军所著的《大沙漠》中，引用的阿拉伯某著者的蝗虫食谱，节译在下面：

蝗虫是人和骆驼的好食料。把活的，或是晒干的，取去肢、翅、头，或炙，或煮，或是加了麦粉炖汤吃。

晒干了，磨成粉，加些牛乳，或加麦粉调炼，再加脂肪或牛酪及盐，煮食。

我们是靠圣母玛利亚的福。神为了她要吃无血之肉,而送蝗虫。

一天,有人去问回教徒的王恶玛鲁:"你究竟许不许人民吃蝗虫?"王回答说:"我也要吃一篮呢!可以吃的。"

那时王侯的御馔中,除鹧鸪、兔子,以及美味的水果外,必定有用长长的竹丝串着的烧飞蝗。据说味道和小虾相似,但还要鲜美。

螳螂

一 异名和种类

螳螂的异名，除螳蜋、蟷蠰^①等外，倒很有几个有趣的：我国因为它昂首奋臂，颈长身轻，行走迅速，有马的姿态，所以叫作天马；又因它两臂如斧，当辙不避，叫作斧虫和拒斧；见它翼下红翅和裙裳一般，又取了一个阴性的名字，叫作织绢娘。

欧洲方面，因见它两臂常常缩在胸前，同祈祷一般，德国就叫 gottesanbeterin，法国叫 mante，用英语的地方叫 mantis——都是从希腊语中生出来的，意思就是拜神者。在美国，它有 rearhorse 这样一个俗名，意义是竖立的马，也是从它的姿势而来的。日本叫作镰切，因它伸臂捕虫时，恰像用镰刀切物。

螳螂的种类也相当多，现在把最普通的大螳螂和普通螳螂介绍一下。

大螳螂体长八九十毫米，是最大的一种。全身是绿色或黄褐色。前胸颇长，两侧有锯齿，背面有纵走的隆起。前翅

---

① 蟷蠰：读作 dāng náng。

比腹部更长，翅脉很细密，简直同绫一般，前缘现黄色。后翅半透明，横脉的一部分现褐色。前肢的基节是黄橙色，跗节的内侧有黑褐色的纹理。

螳螂体形比大螳螂小些，长约七八十毫米，全身现绿色或黄褐色。前胸细长，背上有纵走隆起，但并不高。前翅盖到尾端还略有剩余，横脉细，前缘阔，现黄白色。后翅淡褐色，呈半透明，有一部分横脉很明显，现浓褐色。

螳螂

此外像小螳螂、大肚螳螂等，也是常常遇到的。最特别的是产在东非的花形螳螂，胸节的两侧和前肢的腿节，各有美丽颜色的薄膜张着。错认作花朵而飞来的蝶、蛾、蝇、蜂等，常被这螳螂捉住。

二　幼虫和成虫

　　螳螂从卵孵化直到成虫，要蜕约九回皮，身子也随着逐渐长大，和蟋蟀、蝗虫一样，都是不完全变态的昆虫。粗粗一看，形态上和蝗虫科中的捣米虫颇相像，但它的后脚不能像蝗虫那样跳跃，只能用中脚和后脚，在草丛花间敏捷地走着。装着镰刀状前脚的前胸节，比中胸节和后胸节要长得多。这前胸节的长度，从孵化出来的幼虫起，每蜕一回皮，延长一些。所以若知道了最初幼虫这节的长度，那只需将这节量一下，便能断定这是蜕了几回皮的虫。复眼的长成也是同样：每蜕一回皮，复眼每只小眼的长径扩大一些。

　　螳螂的幼虫也和蟋蟀、蝗虫同样，只生着短短的翅膀，有些地方就叫它赤膊螳螂。但捕食的残忍性，从小就有了。刚从卵壳钻出来的小螳螂，先捕食蚊、蟻蟓这般小昆虫，后来会捉蝇和小的飞蛾。待身子逐渐大起来，那么连大型的昆虫、蜘蛛，都是它们的食料了。蝉更是它们最喜欢吃的肴馔，所以有"螳螂捕蝉，黄雀在后"的成语。蝗虫的体力比螳螂大得多，又会飞会跳，照理应该可以很容易地遁逃，可是它并不逃走，反而走到螳螂身边去，这真同受了催眠术一般。

　　螳螂从刚出卵壳的幼虫时代起，直到成虫老死，终生捕食昆虫，对农家来说实在是一种有益的昆虫。若能够采集卵块，藏着过冬，到春季去放在害虫多的地方，一定有极好的效果。

三　狩猎

螳螂有着苗条的姿态，优美的装饰，浅绿色围裙似的长翅，自由转旋的头。可是，这非常平和的外观下，隐藏着残忍的习性，祈祷似的缩在胸前的臂，就是杀人的凶器。

前肢的腿节比较长，像细长的纺锤，上面的前半截有两排锐利的针，里边这排是 12 根针，黑而长的和绿而短的相间列着。为什么要长短相间呢？这样才能增加轮齿的锋利。外面这排颇简单，只有四根针。

胫和腿的关节是活动的关键。胫上面也密生着两排比腿上的更细小的许多针。胫端有和最好的缝针相似的锐利的钩，是下面有沟的双刀钩。

螳螂在平时好像没有什么攻击力似的，两臂缩在胸前，真像一个祈祷者。若有什么可吃的虫类经过它的面前，祈祷的姿势立刻改变。三件工具赶忙展开，将末端的挠钩远远投去，挠钩刺着了便向后拉，将捕获物拖到两条锯子的面前，前腕一动，两锯就闭合了。即便是蝗虫、螽斯等比较强大的虫，一旦被夹在四排针的齿轮中间，便什么本领也施展不出而死了。

现在再把螳螂捕蝗的情形来介绍一下：螳螂一看到灰色大蝗虫，便作痉挛似的跳跃，忽然摆出可怕的姿势——张开翅膀，斜斜伸向两侧，后翅满满张着，恰像装在背下尻上的两张对称帆，尾端剧烈地上下动摇，呼呼发声，简直像吐绶鸡①张尾时的吐气声一样。后面的四肢将身躯高高抬起，全身几乎直立了。做攻击用的前脚缩在胸前，两肘向左右张开，和前胸恰成一个十字形，而用几行珍珠和白心黑斑装饰着的腋下，也显露出来了。这斑纹真像孔雀尾上的眼状斑，是威武和狰狞的点缀品，所以除战争时外，平时是密藏着的。

螳螂摆出了这种奇异姿势，一动不动，眼睛注视蝗虫，头跟着对方的移动而转旋。摆这姿势的目的，无非要使对方把自己当作一种凶猛的猎兽，惊惶骇怖，全身麻痹得不能动弹。

这目的达到了吗？蝗虫的长脸上究竟起了什么变化呢？它铁一般的面具上，我们原看不出有某种感情表现，但受了威吓的它，知道危险已迫近——怪物立在自己面前，举起挠钩想打倒自己，这是可以看见的。也许连自己已离死不远也

---

① 即火鸡。

感受得到吧！即使时间上来得及，会走、长着粗腿会跳、生着长翅会飞的它也绝不逃走。它就昏迷般静伏在那里，或者竟慢慢地走到螳螂身边去。

小鸟在张开鲜红色大口的蛇面前，恐怖得神经麻痹，更因蛇的眼光照射而昏迷，站在那里发呆，全不想飞走，结果被蛇衔住了。蝗虫也差不多遭遇同样情形。当它昏迷时，螳螂的两把挠钩就远远地投去，爪刺进去了，两行锯合住了。不用说，蝗虫也有可怜的抵抗：它的大颚向空咬，它的腿向空弹。但总不能从两行锯中间挣扎出来。螳螂就收叠了军旗似的翅，恢复平常姿态而休息了。

螳螂攻击危险性小的捣米虫和蝉时，虽也摆出怪异的姿势，但没有像对付蝗虫时那般威风凛凛，时间也短，有时竟不摆姿势，只轻轻地将挠钩投去，就立刻带了回来。

它捉了俘虏，一定从后头先吃起。不论哪种昆虫，若这后头的小脑部分被它一咬，便毫不挣扎地死了。

四　同类相残的惨剧

动物共同生活，原是带着危险性的。槽中的刍草少了，即便是和平的驴、马也要互相争闹。但螳螂的同类相残，倒不是为了粮食。

当雌螳螂的腹部膨大，卵巢已产生了念珠似的连串的卵。结婚和产卵快要到临时，即使并没有一只可做竞争目标的雄螳螂存在，一种嫉妒的愤怒也会无端地在它心中燃烧。这是由于卵巢分泌激素的作用，引起了同类相残的狂暴性。威胁、捕获、举行肉食的宴会，一切都就此上演。怪物似的姿势、拍翅的声响、伸着挠钩空中乱舞，这些也再度显现出来。示威的姿态，完全和对付灰色大蝗虫时一样。

偶然相遇的两只雌螳螂，突然采取战斗态度：头频频向左右旋动，互相撩拨，互相睨视，用下腹部擦翅，"判——判——"发声，通知要袭击了。一只挠钩骤然伸展出来攀住了对方，同时，全身也突然改为拉扯的姿势，自然敌人也起来反攻。这种击剑姿势，恰和两只猫互相搔抓一般。胖胖的肚子上出血了，有时即使没有什么伤痕，一只已自认败北而退。胜利者也收叠了战旗，一面提防战斗再起，一面去捉蝗虫了。

可是结果更悲惨的，也是常常有的。这时，真是恶争苦斗，掠夺用的前脚在空中乱舞。胜负既分，胜利的就把失败的夹在两刀锯中间，立刻从项颈直咬下去了。这残忍的宴饮，完全和咬蝗虫时同样，静静地进行——即使横在食案上的是自己的姊妹，也不以为意地吃掉。周围的同伴一有机会，也会同样地对付自己，所以大家不会提出什么抗议。

连虎狼都不食同类，螳螂却毫无顾忌，即使自己周围有许多美味的蟊斯,也要拿自己的同伴来开宴会。它这种习性,真是一种恶癖。

五 轧拉轧拉吃丈夫

螳螂的生活中,最有意思的就是性的行动。大概到了八月底,雄虫就飞翔或步行,在找寻雌虫交尾了。一看到雌虫,赶忙走近去,挺起了胸脯、竖直了项颈,静静地望着对方。雌的毫不关心地一动不动,雄的又向左右张开翅膀,"擦擦"鼓动,好像想使雌者知道自己在这里似的。这里我还需添补几句:雄螳螂的翅很发达,有许多种的翅比腹部更长,雌螳螂的翅没有雄的这样发达,而且腹部肥满,不能飞的有很多。

不知怎样一来,雄的已看到了恋人许婚的表示,更走近去,再张开翅膀痉挛似的拍动。可怜的它,已攀在肥满的雌螳螂的背上,而且慌忙用前脚抓住雌的前胸,来保持身躯的稳定,尾端向雌的尾端弯曲,生殖器便密贴接合了。一般它们为预备动作所费去的时间颇长,可是真正交尾也要好久才完毕,有时竟到五六小时。

当雄虫紧紧地抱着雌虫而行交尾时,头部就不知不觉地凑近雌的头部。这时,雌虫将它从头上起一直吃下去,也是常有的事。

法布尔曾有一只已受精的雌螳螂，在饲育笼里吃了七只雄螳螂的记载。我们如果把几对雌雄螳螂关在一笼，在它们交尾时，雌的就趁雄的在愉快地抱着时，不管头啊，颈啊，除生殖器外，全吃个精光。

这种要吃丈夫的残忍天性，除雌蜘蛛和雌蝎之外，是再也找不到的。法布尔以为，这也许是古生代遗留下来的劣根性。为什么呢？螳螂最古时代就出现于地球上，但现在还和在大羊齿林中徘徊的祖先一样，是不完全变态的昆虫，是不知道像蝶、蜂、蝇、甲虫那样进行完全变态的幼稚昆虫。那时动物的行动绝不是温和的，为繁衍子孙的热情所动，什么都做牺牲，终于连自己的丈夫和同胞都要吃，而螳螂就继承了古代遗留下来的惨酷的恋爱行为。

若照昆虫生理学来解释，那么，雌的这种行动，完全是从摄食本能而来的捕食反射运动。这时它并不曾意识到对方是自己同类中的雄虫，你若拿一个雌螳螂的头靠近，它也同样地咬。即使像蚱蜢、蝗虫、蜻蜓等非其族类的虫，也同样地吃，说不上什么残忍不残忍。

六 头被咬下还继续交尾

雄螳螂紧紧地抱住了雌的，一心一意在完成它神圣的任务时，这不幸者失去了头，失去了颈，终究失去了身躯。可是只后胸节还剩着,这无头的爱人,依旧紧抱着继续交尾。

胸部是长着脚的,若失去了脚,便不能把腹部保持在适于交尾的位置,所以只需第三对脚的后胸节和这节的神经节还留着,就仍能交尾,仍能使雌的受精。有些人竟这样想:螳螂交尾行动的中枢,也许就是这节神经吧!这暂且搁着,讲下去你会明白的。

那么雄螳螂究竟有什么特别构造,头被咬下还能继续交尾呢?我们还须撇开臆说,根据实验来研究一下。

不单是螳螂,一切的昆虫,若使它感到烦闷时——如将头摘住、捻转或扯下,有环节的腹部便向左右乱摆。雀蜂、蜜蜂等,即使被割下了头,还伸着腹部,频频将有毒的螫剑乱刺,好像要螫人,这螫剑便是产卵管变成的。雄螳螂头被咬下,还要起似乎交尾的行动,这也和上面说的昆虫同样,是烦闷的表现,不能看作以交尾为目的的行动。

由这种行动所产生的结果,就是尾端和他物接触。这接触,使雄生殖器起反射性的突出,若碰着雌生殖器,便通过最适当的反射运动,使两性生殖器联结着了。这反射运动的中枢,是在腹部的末端神经节。交尾作用一起,内部生殖器官像输精管等,各各受腹部神经节的指挥,一齐发挥机能。头部的存在与否,原本没有什么关系。

所以,当后胸节也被咬去,拥抱着的脚已落下,光光的肚子滚下来时，你若拾起这腹部，适当地将生殖器部和雌的相接，那么仍旧起交尾的反射运动，而互相接合了。

这种行动除螳螂外，别种昆虫也有的。例如谁都知道的蚕蛾：雄蚕蛾头部被切去了，还能起交尾似的行动。这种行动，因为是腹部神经节的接触反射运动，所以对方倒并不一定要雌蛾。有时，若把人的指头去碰一碰断头雄蛾的腹侧，其腹部也会弯曲，清楚地表示想交尾的行动。即使切去胸部，只留腹部，也仍旧起接触反射运动，和螳螂同样。

像上面所说，接触反射和交尾行动相连结着的，除螳螂和蚕蛾外，还有许多，这里从略了。

七 桑螵蛸[①]

我们在向阳的地方，常见灌木的小枝上，丛草的枯茎间，以及石块、木材、碎瓦片上面，有荔枝般大、黄褐色的半椭圆块黏附在上面。这就是螳螂的卵箱，俗称桑螵蛸，可以充药用。

这种桑螵蛸，如果放到火上去一烧，便散发一种烧丝般的焦臭，实际是和丝相似的物质造成，延长了便成丝。

桑螵蛸呈半椭圆形，一端圆钝，一端尖细，有时还装

---

① 桑螵蛸：读作 sāng piāo xiāo。

着一个短短的柄。表面是颇整齐的凸面，还有三条分明的纵带。比较狭细的中央带，由两行对列的薄片构成，恰像屋瓦般重叠着。这薄片的一端具有较高的活动性，有呈平行的两行半开的裂口，里面孵化的幼虫可以从这里出来，所以有人叫这里作"脱出带"。

此外便是多数家族的摇篮，有不能逃越的壁障隔着。在侧面的两条带，几乎占了半椭圆的大部分。上面有许多细横条，是藏着卵块的各房的标识。

把桑螵蛸横切断来看，卵集成了非常坚硬的长粒，侧面是恰像凝固的泡沫般的厚壳遮盖着，上面有弯弯曲曲的薄板绵密地塞着。

卵的头部向着脱出带，集成弧形的层。分娩的时候，卵大概是从长粒的延长部相合的两薄片间的空隙滑下去的。这样狭隘的地方，幼虫怎样出来呢？不慌，立刻能从奇妙的装置中寻得通路！终究到达了中央带，那边，在鳞状甲下，为了各层卵，开着两行出口。一半幼虫从左出口出去，一半从右出口出去。

不看到实物，原是有点难懂。把这桑螵蛸的细部大略说来：枣核形的卵块（长粒）

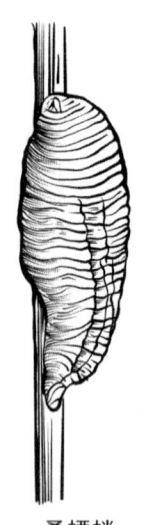

桑螵蛸

一层一层排列在巢轴上，外面用凝固的泡沫般的保护壳盖住；上方中央的一线，构造上又特别些，用小小的薄片并列着；这薄片的活动的末端，在外部造成脱出带。所以，中央线是有两行鳞形的出口和一条狭沟。

桑螵蛸的形态，又因螳螂的种类而略有不同。普通螳螂产的，下垂似的附着在树枝上，外壳极硬，现灰褐色。大螳螂产的不十分大，多附在树皮或竹枝上，呈稍稍不正的圆形，实质柔软，恰像海绵。大肚螳螂是产在树木的枝干上，稍呈椭圆形，褐色，中央有一条灰白色的纵线，质很坚硬。小螳螂多产在草根墙脚，和普通螳螂的很相像，只略略小些。

卵在六月里孵化，一枚桑螵蛸中，会有100只以上的幼虫从里面出来。

八　产卵

螳螂卵箱的构造既是这样复杂，那么再将它创造的经过来研究一下，总也不是徒劳的吧！

造卵箱的大部分材料，是从螳螂尾端许多圆筒形的管中出来的。这些管分成两大群，每群有二十多条，里面充满着无色的黏稠的流动体。

当黏液断续地分泌时，下腹部末端的两个横张着的阔瓣，便不断地、迅速地搅拌搔抓，使黏液一流出就变成泡沫。这和我们搅动蛋白，使其生泡沫的情形一样。泡沫中自然大部分是空气，但这些并不是螳螂排出的，因为体积要比螳螂肚子的容积更大。

这泡沫是灰色略带白色，稍有黏性，和肥皂泡很相像。当它刚分泌时，用麦秆去碰，容易黏着，过两分钟光景就凝固，不会粘在麦秆上了，再过一会儿，就十分坚硬了。

尾端一面将两瓣迅速地一开一闭，一面又像钟摆似的左右摆动，由这种摆动，内部造成了卵室，外部显现了横纹。尾端每摆到急激的弧点时，便更向泡沫中一沉，好像把什么东西埋进去似的——这不用疑，是在放卵。

新造成的卵箱上的脱出带，洁白无光，用石灰质般而有细气孔的物质涂着，和灰白色的其他部分恰是一个很好的对照。这白漆易碎难落，若把它搔去，便能清楚地看出，脱出带上有两行尖端活动的薄片。这些薄片常因风吹雨打，一片一片、一块一块落下，所以旧的巢箱上连痕迹都没有。

那么，两列的薄片、沟及被它们遮盖着的出口，究竟是怎样造成的呢？这连大昆虫学家法布尔都无法推想，只好暂搁一边，让诸位亲自去观察。

真是奇妙的机械啊！要把中心粒的角质，保护用的泡沫，中央线上的白漆、卵、受胎液等，整齐而迅速地排出，同时，造成重重叠叠的薄板、鳞形地排列着的壳、内部交错的沟。连我们人类也要茫然无从着手吧！但螳螂从不回头看一看后方的建筑物，也不用脚帮助一下，只凭着尾端去做。与其说这是奇妙的本能行为，倒不如说是依赖特定的工具和有组织的、纯粹机械的工程来得确切。

天牛

一 种类

天牛头上长着两只长长的触角，和水牛相似，所以得了这样一个名字。因它能摩擦头部和前胸，发出"叽咯叽咯"的锯木声，所以通俗又叫"锯树郎"。日本叫它毛切，因为它能咬断头发。种类极多，全世界共有5,000多种[①]。现在把我国常见的几种介绍一下。

桑天牛体长36—42毫米，全身现灰白色，稍带青或绿，密生黄色的短毛。触角比身子更长，白色，但柄节、梗节及各节的末端都呈黑色。前胸节的背面有突起的横纹，两侧面有锐利的齿，鞘翅的基部有许多小黑点散布着。幼虫寄生在桑、橘、无花果等树的干里。

山天牛体长45—57毫米，

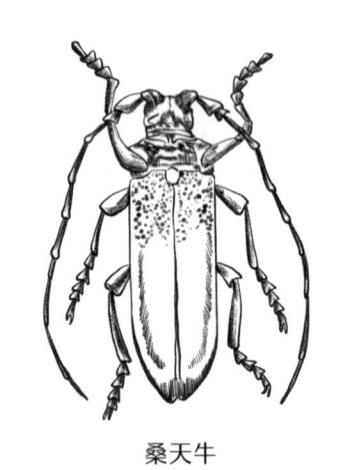

桑天牛

[①] 目前世界上已知的天牛已有数万种。

是比较大型的种类。全身黑褐色，有淡黄色的短毛。头向前面突出，触角也颇粗大。前胸背部略呈圆形，有横向的皱纹。鞘翅平滑，上有微细的斑点。各腹节的后缘现黄褐色。山天牛是七、八月里出现的普通种。幼虫寄生在栗等壳斗科植物的木质部。

锯天牛体长 24—40 毫米。体色除体的下面和触角现黄褐色外，全是有光泽的黑褐色。头向前方突出，眼睛很大，触角长，呈两锯齿状，最后三节最长。前胸的两侧有锯齿状的突起。鞘翅粗糙，有大的纵沟和皱痕。脚颇粗，也现黄褐色。幼虫吃榆等枯木。人去碰它时，就摩擦胸部，发出尖锐的"叽叽"声。这是北方常见的普通种。

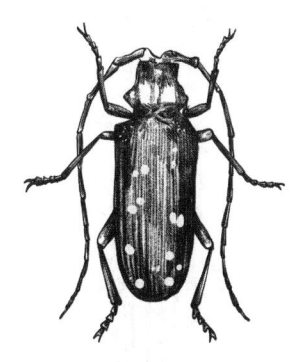

山天牛

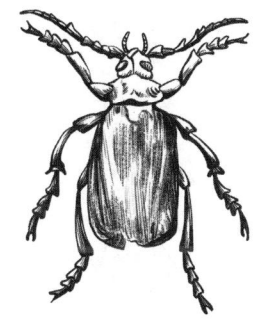

锯天牛

白条天牛体长和山天牛相近，也是大型种。体现灰色和暗灰色。触角比体更长，略带暗色。头部两侧的一条纹，前胸背部中央的两条粗纹，两侧的粗纵纹，棱状部、鞘翅上不规则的斑纹和各腹节两侧的斑点等，都是白色。前胸的两侧有大型的锐棘，鞘翅基部有许多颗粒突起。幼虫也寄生在壳斗科植物的干内。其分布在我国南方。

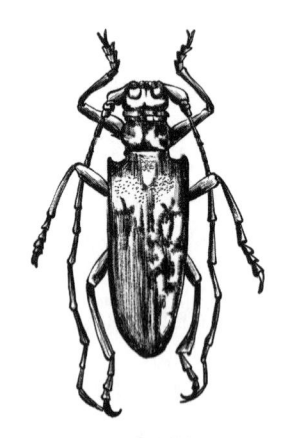

星天牛体长 24—33 毫米，是大型种。体现有光泽的黑色，但下面及脚上有稍带蓝色的灰白毛密生着。触角比身子更长，各节的基部现带蓝的灰白色。前胸背的中央部有一个瘤状突起，两侧还有粗大的棘状突起。大型鞘翅的基部有许多大点刻，翅面不规则地散布着十五六个白点。幼虫蠹入桑、无花果、橘、柳等木质部，是一种遍布我国南北的有名害虫。

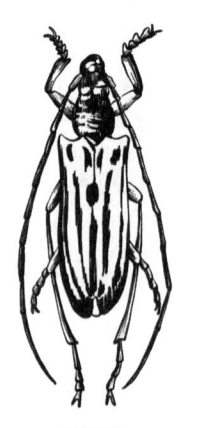

黑天牛体长 20 毫米左右，现黑色，背面有光，体下暗色，上颚和前胸形状很大，鞘翅上点刻很多，触角很短。乍一看好像吉丁虫，所以又有拟吉丁虫这样一种名

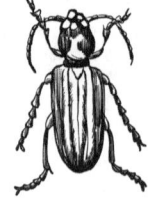

白条天牛

星天牛

黑天牛

字。幼虫吃松、柏等朽木。除中国外，西伯利亚、欧洲也都有分布。

此外还有颜色美丽的红天牛、绿天牛、专吃葡萄的葡萄虎天牛等，不一一备述，还有一种能散发芳香的麝香天牛，待下面再细说。

二　散发芳香

麝香天牛，产在日本的东北地方以及德国。我国有没有这种天牛，除等待爱好昆虫的读者证明外，寄身异邦的我实在无法悬揣。①

这种天牛全身绿色，前胸部现红色，所以很容易辨认。幼虫常常寄生在柳树干内。因为它能散发一种浓烈而快适的、麝香般的香气，所以叫作麝香天牛。

夏天常见麝香天牛，前方摇着长长的触角，在柳树的枝干上下走动；但到了雨天和寒冷的时候，它便躲向叶间，或潜居朽木洞中，不大肯出来。它有时吸食锹形虫等替它开掘的甘泉——从树干内渗出的汁液，有时多数集在一块，追求恋爱。

据兹拉培儿所记，德国北部地方的人，常将这种天牛的

---

① 我国内蒙古、黑龙江、河南等多省都分布有麝香天牛。

香气移到烟草上。方法很简单：先捉几只麝香天牛，同烟草一起放在盒子里，经过一段时间，估计香气已经吸收着了，便将天牛取出。这麝香腺开口在后胸片的后转节的基部，这腺的分泌液一碰到空气，就化气而散发芳香。

据斯米鲁纳夫说，这种挥发液含有一种类似紫罗兰香气的物质，很明显是从柳木摄取来的某种成分分解后产生的一种副产品。又有一种试验，可以证明他的推理正确：如果用糖液饲养麝香天牛，这麝香腺的原有分泌物立刻中止，香气也换了另一种。

甲虫多是妇女们害怕和嫌恶的，何况这种天牛还会叽叽地发声呢！不过因为爱它的香气，她们多去捉来包在手帕里，或戴着手套玩弄，使手帕手套都染着香气。

三　幼虫

恋爱生活告终，卵成熟，雌天牛便咬破树皮，在里面产下一个卵，再将原来的树皮盖上。不久，孵化的幼虫便吃了这韧皮层，再逐渐向木质部吃进去。

幼虫的形态的确要比成虫奇妙得多。你看，多像一段会爬的肠。它们有三年光景，在树干中度过寂寞的黑暗生活，所以我们在秋季劈开柳、栗等树根头来看，常能遇到老幼两种：老的同指头这般粗，幼的比铅笔杆还细，有时还能看到

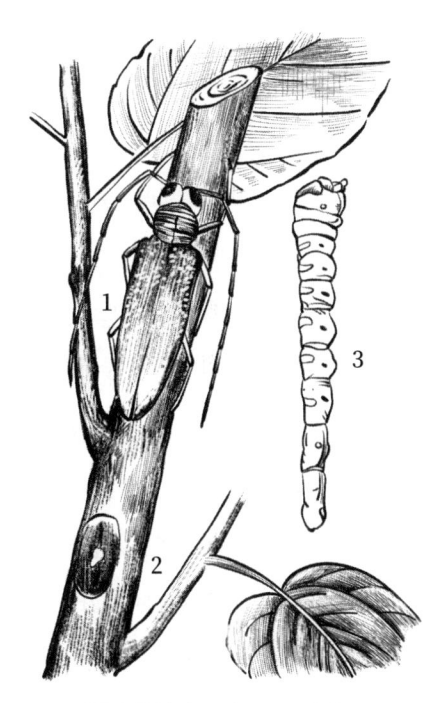

许多带颜色的蛹和肚子饱胀、等着天暖就要出来的成虫。这长长的三年，是将木屑作为粮食开辟道路而消磨的。它用如木匠的圆凿般边缘锋利、中央低洼、黑色、短而结实的上颚，从正对面开过隧道去，同时把落下来的锯屑碎片一一吞进嘴里，当通过肠胃的时候，榨出仅有的一些养分而堆到尾后。前面一段一段进去

桑天牛的生活史：1.成虫；2.卵；3.幼虫。

时，尾后便一段一段地塞住。凡是在树里求食宿而开孔的虫类，都是这般做的。

当天牛的幼虫运用两把圆凿时，常将全部力气集中在身体的前部，所以头胸肥大，腹部细长，变成棒槌形了。它口边有颇坚牢的漆黑色的角质，将圆凿坚固地束定。可是，除工具和头盖外，它的皮肤真同缎子一样细滑，还带着象牙似的白色。看了它胖胖的身躯，谁也想不到它所吃的竟是些

缺乏滋养的木屑。实际上，它除日夜不歇地咬啮之外，什么工作都不做，但通过肠胃的木屑的量也颇可观，所以积少成多，不会缺少养分的。

肢由腿、胫、跗三部分连接而成。起初是粒状，最后呈针状，这些都是退化后留着的痕迹，不能作步行用的。

腹部的前七环节，上下两面各有细的突起。这些可随幼虫的意思，或胀而突出，或窄而收缩，叫作步带。再仔细说来，当前进时，前部的步带一缩，同时后部的步带便胀突。于是后部贴在狭窄的隧道壁上将全身支住，前部因步带收缩而减小直径，可以向前滑去，完成了半步。但后部也不能不前进，因此，前部的步带又膨胀而支定，同时后部的步带收缩，留出空隙，让环节收缩而前进。天牛的幼虫就是用腹背两行突起一胀一缩，在塞得满满的回廊中，轻便地或进或退。

天牛虽有好好的一对眼睛，但幼虫时代影迹全无，因为在漆黑的厚厚的树干中，还要用什么眼呢？听觉也没有，深深的树层中是永远的静寂。难道没有声响的地方，还需要听的能力吗？这可以做一种实验：将这幼虫的家纵剖开，变成可以看它行动的半管静静地放着。它或是咬啮碰到的回廊，或是将步带上的锚投在沟的两侧而休息。当它休息时，我们就是敲打铜锣，或用锉"叽哩叽哩"磨锯子，它也毫不发生反应，连皮肤都不皱一皱。就是你拿了钉头，在它的回廊旁沙沙地搔抓，它也仍泰然自若。

它有嗅觉吗？一切都是否定的回答。嗅觉原是帮助搜索食物用的，可是天牛的幼虫不需要出去求食物，它的住宅就是食料，当然不用再有嗅觉了。而且在长长的三年间，只吃一种食料，它的味觉只能辨别木屑的滋味。

不能不再考察一下的，就是它的触觉：在刺针之下，它能和一切生物同样地发生痛苦的颤抖。所以，在幼虫状态中的天牛的感觉，只有幼稚的味觉和触觉。

天牛的幼虫，在感觉器官方面是这样低劣贫弱，但在先见方面真叫我们惊叹：它知道未来的成虫没有在坚硬的木质中开辟道路的能力，所以会冒危险，赌生命来替它准备好；它知道天牛穿着硬硬的铠甲，不会掉头而走出门去，所以它特意头向着门口，化蛹而入睡；它知道蛹的肉十分柔软，所以在房间里张起了细纱帐；它还知道在慢慢进行的变态中，难保没有恶汉闯入，于是在门口制造了一个石灰质的盾。它不单清楚地看到未来，而且相应地做了准备。

四　精美的化蛹房

天牛的幼虫在树干中一会儿升，一会儿降，一会儿向这边弯，一会儿向那方绕，吃了一层又一层。这里有走不尽的路，吃不完的粮，既没有天灾，也没有敌人，如果世间上真有所谓"洞天福地"，那么只有它才在实际享受。可是，三年虽长，终不能不离去乐土，投入生存竞争场中的时刻，终究降临。

未来的天牛从树干中孵化，两角高翘的天牛，是否带着同样的工具？能够开辟出来道路吗？这是可以试验的：将一段栗木对劈为俩，里面雕成几个洞，再把化成蛹的天牛，一只一只放进这人工的独身房（这种天牛蛹，在十月里是很容易在树根头找到的），两片照旧合着，用铁丝牢牢缚定。光阴如箭，腊尽春回，一忽儿已是六月了。这时，树段里便沙沙发声，好像天牛要向外出来似的，可是一只也不见出来。过一会儿声音也没有了，解开来一看，这些囚徒全部死亡。洞里留下还不到一撮鼻烟似的锯屑，它们的工作，仅此而已。

那么，天牛不好沿着幼虫开辟的坑道而出来吗？这更是万万不可能的：一则，这坑道很长，很曲折，而且有剥蚀下来的东西坚固地塞着；二则，拿这坑道的直径来讲，从终点回到开发点，不是逐渐小下去吗？幼虫走进木中时，如同一根细细的草蔓，如今已经同指头这般粗了。三年之内，它是不绝地以身体作为模型而开掘坑道的。所以以前幼虫走的坑道，现在天牛不能用作出来的路。何况它有张开的触角，长长的脚，坚硬的铠甲，在这条狭隘而蜿蜒的回廊中，除拂去填塞的剥蚀物外，还该扩大一些，这终究是无法战胜的困难。所以，天牛的状貌，不论怎样强壮，都没有自己出树干的能力。开辟道路的责任又落在幼虫身上，又落到一截"肠"的身上了。

那长吻蝇的幼虫，能够用穿孔器替孱弱的蝇预先钻通凝灰岩，天牛的幼虫，也负着同样的责任。它好像由一种我们无法测知的神秘预感所催促，离开了平和的幽居、难攻的堡寨，向着有可怕外敌等着的外部行进。它拼着生命，执拗地钻而又钻，啮而又啮，一直摸索到树皮下，而且将皮层啮得差不多没有厚度，同透明的窗帷一般。有时，这大胆的虫简直开了一个大窗。这就是天牛的出口。

刚开好了救命窗的幼虫，又稍稍向回廊中倒退，在廊旁开辟一间化蛹房。这里面，有我们不曾看到过的豪奢家具和坚牢门户。这房的样式像压扁的椭圆体，颇为广阔。长80至100毫米，横断面上的纵横两轴各各不同，水平轴是25至30毫米，垂直轴只15毫米。这样宽阔的房间，那成虫当要打开门户时，肢体也可舒展一下。

说到这化蛹室的门——这幼虫为防御外面的危险而造的关，通常是里外两重：外侧是木屑堆，内侧只一片矿物质注盖，色同白垩。有时除这两重之外，里面再加一层木屑。房的内壁是细细地刻削过的，木质纤维丝丝分解，变成天鹅绒一般了。

外出的路开好，独身房里已铺满了天鹅绒，三重门也塞定，勤奋的幼虫已把一切工作都做毕了。它丢弃了装在身上的种种工具，蜕壳，化成孱弱的蛹而躲在襁褓里，睡在床褥上。它身子很柔软，在狭狭的房间里也可以掉头，但未来的天牛定是不能了！它穿上角质的铠甲，全身硬绷绷，不能骨碌骨碌打滚，而且，通路若略略曲折一下，它连稍稍将身子弯一弯都无法成功。所以，如不愿在房中闷死，蛹一定要头对着门睡觉。蛹若偶然疏忽一点，头向着里面睡，那么摇篮将变成无法超拔的地狱，天牛到底难免一死。

春季告终，由蛹羽化的天牛，企慕着太阳和光明，决意外出了！横在它面前的是什么？木屑的堆，这些只需搔爬几下，立刻飞散了。此后是石盖，这并没有弄碎的必要，将额顶几顶，用爪搔几搔，就落下了。事实上，我们常常看到，毫无伤痕的整个盖被丢弃在房门口。最后还有一座木屑山，这也和以前同样，很轻易地搔散了。此后便踏上甬道，向大门走去。布在大门口的窗帷，真是一啮便破，非常容易。于是，它舞着长长的触角，在光天化日之下迈步了。

五　一个小小的化学实验

我们若将化蛹房门口的矿物盖仔细一看，会不自觉地惊叫起来。这色若白垩，坚同石灰石，内面光滑，外面有小突起的长椭圆形的球帽，是由幼虫一口一口吐出来的粉浆似的材料凝结而成的。无法修补的外侧，就形成许多突起而凝固，内面再加打磨，使之变得十分光滑。那么这盖究竟是什么物质构成的呢？它好像石灰石的薄片，虽脆却坚。放入硫酸中，即使不加热，它也溶解而放气泡。溶解很缓慢，小小的一片也要费几小时，除带黄色的黏黏的物质外全部溶尽。假如加热，便现黑色，这就是有机质的黏着物，将矿物加上接合剂而炼合的证据。溶液中若加硫酸盐，便浑浊而生许多白色沉淀物。从这种现象可知，盖是由碳酸石灰和使石灰质的粉浆坚实用的某种有机质（大概是蛋白质）接合而成的。

那么，石灰质究竟产生于这虫的哪部分器官呢？我确信，供给石灰的是胃和乳糜室。无论分泌出来就成石灰质，还是从硫酸盐转化而成，都和食物隔离藏着。它从一切食物中吸收这种物质，一直贮蓄到要吐出的时候。

蚤

一　种类

　　这样小小的蚤，要分别种类，似乎是一件困难的事。其实，可以依据栉齿棘的构造来做大致区分的。栉齿棘是栉齿般排着的黑褐色的棘，因种类不同，生着处也各异：有的生在第一胸节的后缘，有的是在头部的腹面，有的只生在第一胸节上，还有几种，竟全身找不到什么栉齿棘。

　　蚤的种类约有 500 种。[①] 其中和人类生活有密切关系的，是人蚤、猫蚤、鼠蚤、犬蚤等。简单说明如下：

　　人蚤是世界范围内身躯最大的蚤。体赤褐色，没有栉齿棘，后腿的筋力很强，一跳有两三分米高。这种蚤虽寄生人体，但猪身上也颇多，有些学者竟主张："倒还是称为猪蚤适当。"猫、狗身上也有看到，冬季尤其多。

　　鼠蚤中，最著名的是印度鼠蚤。它们寄生在全世界热带海港的鼠身上，跟了鼠乘着海船，到停泊处上岸，在传播鼠疫上要算一个主要角色。近年为了预防鼠疫，有些港口设

---

① 目前全世界已知的蚤类约 2,500 种。

法断绝陆地和船舶间的鼠的交通。这种蚤和人蚤很相像，也是肥大而无栉齿棘，不过也有不同点：第二胸节特别狭些，口器少一部分，头部后缘列生刚毛，中胸侧板是纵裂为二，等等。

此外还有亚细亚鼠蚤，大都分布在我国南部，欧罗巴鼠蚤分布在欧、美两洲，鼠盲蚤眼睛很小，而且没有色素，看去像无目的盲子，分布于全世界，寄生的宿主只以鼠为限。即使再找不到宿主，而饿得发慌的时候，也不会跳上人身来吸一口血。

犬蚤形状和人蚤相像，不过雌的头部尖些，而且第一排栉齿棘只有第二排的一半这么长，跳跃力没有人蚤那么强。原产地是欧洲，现在已分布全世界。猫蚤的形态和习性，都和犬蚤相像，有些学者认为是变种，而不把它们分作两种。但毕竟也有一点小小的差别：雌蚤的头部，犬蚤是长度不到高度的两倍，而猫蚤却有两倍。雄蚤的生殖器方面也有差别。猫蚤的分布区域是热带和温带，所以我国南部常能看到。宿主的范围颇广，猫犬相互间不必说，除了人类、几种野兽，有时还会移到鼠身上去。

鸟蚤体现赤褐色，而且长阔相等，稍呈圆形。复眼的前面有一根刚毛，后胸侧片上有六根刚毛，但没有栉齿棘。它们常常钻进鸡冠的皮下，使它生一个瘤。原产地是美国，现

在已分布全世界。除鸟类外，有时也寄生于人类、犬、猫、马等。

像上面所说，各种蚤的宿主并不限定某一种动物，时常向别种迁移，那么，在人类、鼠、猫、鼹鼠间，各蚤的迁移状况怎样呢？日本小泉丹将观察结果列成一表，现在就抄在下面：

鸟蚤

	人	鼠	猫	鼹鼠
人蚤	569	0	5	0
印度鼠蚤	1	255	18	239
亚细亚鼠蚤	2	153	6	18
鼠盲蚤	0	135	0	7
犬蚤	6	8	663	1

表中的鼹鼠，本来不是蚤的寄主，为了试验起见，把它放在室内一昼夜，看集到身上来的哪种蚤最多。照这表中数字所表示，是印度鼠蚤的迁移性最大。

二　发育和寿命

蚤的卵近乎圆形，算是比较巨大的，直径约 0.5 毫米，肉眼看得很清楚，白色而有光泽。雌的常产卵在宿主的身上，卵再落在地面或卧处，因为卵相当坚硬，表面干燥，不会附着在别种东西上面。但也有几种蚤是自己跳到地面去产卵的。产卵的数目，因种类、营养状况及其他种种原因而各异。每天产卵数很少，只 3 枚到 18 枚，但产卵期可延长到几星期，所以总计起来，数目也颇大——人蚤有 480 多枚的记载。

孵化所要的时间，也随种类和环境而长短不同，快的两天，慢的要到两星期之后。气温影响于孵化速度的试验结果如下：35 度到 37 度间，发育受害或中止；17 度到 22 度间，要 7 日到 9 日；11 度到 15 度间，要 14 日。

幼虫有 13 体节，长约 6 毫米，现黄白色，无脚无眼，生着许多毛。举动倒很活泼，生活在有动植物质混着的尘埃中。食量并不大，凡动物的排泄物、血液、已发芽的谷类等，都可做它们的粮食。幼虫期间的长短，因温度、湿度和食粮的供给情形而相差很大。若一切都适顺的话，那么一般是一星期到三星期——否则有延长至二十星期的。这期间经过两回蜕皮，变成了蛹。

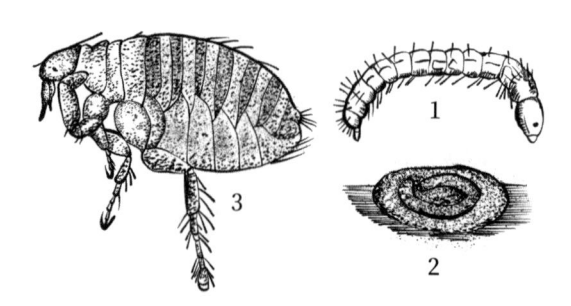

蚤的生活史：1. 幼虫；2. 蛹；3. 成虫。

不论哪种蚤，幼虫都要做茧而化蛹的。蛹圆形，丝质的茧壳外面，常有尘埃、泥沙等附着，所以不大看得清楚。蛹的时期也有长短，一般是一星期左右，有时竟到一年或一年以上的。气候愈冷，蛹的时期便愈要延长。

成虫倒和幼虫相反，喜欢湿润和寒冷。若把它们放在干燥的环境，不给恒温动物的血液吃，那么大多数在六天之内就死了。在适当的环境，寿命也颇长：在湿润的冷处，人蚤可活到 125 天，欧罗巴鼠蚤 95 天，犬蚤 58 天，印度鼠蚤 38 天；若再每天给它吃血，那么人蚤有 513 天，欧罗巴鼠蚤有 106 天，犬蚤有 234 天，印度鼠蚤有 100 天。

三　口器

蚤的口器构造是：下唇很短，它的尖端有一对下唇须，左右很接近，而内方都有沟，恰恰形成吻鞘。左右吻鞘中间有三根针状片，就是一根上唇和一对上颚。下颚变成左右两侧呈大三角形的一块下颚板和一根下颚须。这下颚须生在头部先端，粗粗一看，好像触角，但触角另有一对，呈棍棒状，附在眼后。

蚤吸血的时候，用一根上唇和一对上颚在皮肤上穿孔，但这三根针状片又相合而成刺吸管。上唇的尖端附近有钩状齿，上颚的外面也有三四排很发达的钩状齿，这些都是钻孔用的构造。当吸血的时候，下唇须分向左右屈着，不入皮肤，三角形下颚板对于刺吸管的插进拉出，似乎有点帮助。

蚤能够将血液吸入刺吸管中的理由和蚊同样，不过蚤不论雌雄，都能吸血，所以两性间的口器几乎没有什么分别。

照上面说来，好像蚤的口器并没有什么奇妙的地方，但你若拿到显微镜下一看，不能不惊叹构造的微妙。唯有这种构造，这般装置，它们才能顺利地吸血，所以生物学者加以说明，这等构造装置是为了适应吸血的习性而发展起来的，这也许是对的。那么它的发展经历了怎样的过程呢？这种变化是徐徐进行的，还是突然而起的呢？惊叹又渐渐变成怀疑了。

四　蚤和百斯笃

百斯笃又叫黑死病，也有人叫其作鼠疫。在古代也有过好几次大流行，最著名而又最悲惨的一次，是欧洲中世纪将终，十一世纪中叶，在美索不达米亚地方开始的。后来十二、十三世纪十字军东征归去，就带到欧洲，遍地蔓延；十四世纪达到最严重，一直延到十七世纪终了，一共延续了700年。这时，罹疫死的人，约有 2,500 万，已占当时总人口的四分之一。清朝光绪末年，我国辽宁省一带，也曾发生过严重的百斯笃。

百斯笃有三种：腺百斯笃、百斯笃败血症和肺百斯笃。肺百斯笃就是百斯笃肺炎，由咳嗽散布病菌，所以病人陆续出现，流行最猛烈。不过中国和印度地方，肺百斯笃很少，大多数（几乎全部）是腺百斯笃和败血百斯笃。这两种病，都是由鼠间接地传给人们，所以这地方的鼠类间如果有百斯笃流行，不久，居民间就有病人出现。至于从鼠传到人们的途径，普遍认为是由手足上的皮肤破损处侵入，有几处地方甚至发布禁止跣足（光着脚）令。承担传播病菌责任的，其实是蚤。

研究百斯笃菌和蚤的关系，是在 1900 年左右开始的。1898 年，西蒙最先认定百斯笃菌是在蚤的胃中繁殖的。1905 年，多数研究者，尤其是在印度的百斯笃研究委员会中的人们，确认在鼠类间传播病疫的是蚤，而且断定把病菌再传给人们的，也同样是蚤。此后二十多年，在各地调查研究的结果使这种主张更加可信。

百斯笃菌若为别种吸血虫所吸,便在消化管内僵化了。如果是蚤的话,就在那边繁殖,而且连在蚤粪中都可找出许多保有毒力,能够作为感染源的百斯笃菌。

要证明百斯笃菌是由蚤类传播,还有一个很好的试验:我们捉一只鼹鼠关在篮子里,去挂在病房中,离开地面约3分米,使蚤能够跳到,那么不久,这鼹鼠也感染百斯笃了。这时篮子离开地面有3分米距离,百斯笃菌不生翅膀,不会飞上去,而且篮子盖着,害病的鼠也无法出去,说是由蚤跳上去传播的,恐怕谁也不会反对吧!传播力的大小,又因蚤在宿主间的迁移性而定。所以上面说过的迁移性最大的印度鼠蚤,最被人们注意。

现在我们再把蚤传播百斯笃菌的途径来研究一下。有些人也许要这样想:莫非也和蚊子传播疟疾一样,将在唾腺中等候的菌注入人体?其实完全错误。印度的研究委员会认为,不是在被螫咬时感染的,粪便中的菌才是感染根源。因为蚤有一面吸血,一面在宿主身上撒粪的习性。粪便粘在宿主身上不会落下,而且像上面说过含着许多有毒的病菌,于是,这些病菌就从皮肤的毛孔中侵入。

难道蚤吸血的时候,消化管里的液体不会倒流注入人体中吗?难道在消化管内繁殖的病菌,不会跟了这些液体一同侵入吗？研究者们怀疑了，于是再埋头试验：1914年，英国的培各脱和马尔汀对这问题给予正确的解答。百斯笃菌在蚤的消化管内繁殖得异常迅速，结成凉粉似的块状，几乎将整个胃塞住。于是这蚤益发感到渴燥，拼命地向人和鼠刺螫。可是胃被塞定，吸入的血液不能进去，反而倒流从螫口注入人体内，这些逆流的血液，曾和胃里的百斯笃菌的凝块相接触过，所以有许多百斯笃菌混在里面自不用说，病就因此传染了。

一般传播百斯笃的多是印度鼠蚤，但此前在我国辽宁省蔓延的，却是由欧洲鼠蚤从西伯利亚、蒙古一带传入。此外有传播百斯笃可能性的蚤，全世界一共20种，所以即使印度鼠蚤不多的地方，也不能十分大意。

五 驱除法

要驱逐蚤，第一要点不用说，是保持清洁。室内除去蚤的发育场所，以及扫除尘埃，住室和仓库、堆间、畜舍间，隔断蚤的交通，搜除鼠巢。当发生百斯笃的时候，床脚上设蚤不能攀登的装置，床一般离地2尺光景，蚤是跳不上去的。

洋式房屋比较容易处理，地面和地板的缝里全注入萘[①]

[①] 萘：读作nài，白色晶体，有特殊气味，容易升华。用来制染料、树脂、药品等。

的溶液，上面再撒布萘的粉末，再把房间关闭一昼夜，那么蚤类和它们的幼虫便全都死灭。要驱除壁角或地板上的蚤，煤油乳剂是最简便的药品。

煤油乳剂的制法虽有种种，现在举一例如下：将肥皂和水用1∶5的比例配合，加热充分溶解，变成一种碱水。再把四倍或六倍的煤油慢慢地加入，同时不断地搅拌（不用说，这时仍旧放在火炉上的），于是就制成白色乳状的液体。再把它倾入约十倍的水中搅匀，便可用了。此外，洋式房屋可以用的还有熏烟法，这里不再说明。

蚁

一 蚁的社会组织

蚁,在动物分类学上,属于昆虫类的膜翅类,和蜂类相近。现在世界上已经知道的有 5,000 多种。① 我们常见的是:工蚁体现赤褐色的赤蚁;工蚁头上有大凹陷,全身黑褐色有光的黑蚁;身长 14 毫米左右,雌蚁黑色有光,工蚁赤褐色的大蚁;以及体现黑色,雌蚁长 15 毫米,工蚁、雄蚁长 10 毫米,兵蚁头大,腹节后缘现黄褐色的黑大蚁。

在古代,早早有人明白蚁也是过着和人类相似的社会生活的。像 2300 年前的亚里士多德就说过:"蚁是过着无支配者的社会生活的。"所罗门的格言中有这样一节:"你们这些懒汉,去看看蚁的生活啊!蚁虽没有王侯、酋长、主人,但夏天耕种,秋天收获。"

蚁也和人类一样,住在一定的国家之内,平时孜孜不倦地做各种工作,遇到外敌侵袭便舍身卫国。人类用言语传达意思,蚁也用触角做各种暗号,互相关照。人类社会有种种

---

① 目前全世界已知的蚂蚁种类已有 1 万多种。

分工，蚁也有凶猛的掠夺者、杀戮者，也有牧养蚜虫的和平牧人。在人类社会发现的丑恶行为，蚁类社会也并不稀少，像战争、盗窃等都很流行，而且连豢养奴隶，实行榨取的事情都有。

蚁国和人国，国家形式的根本条件，都以分工的原理作根据的。蚁的社会中，各个个体都有适于做某种工作的特殊构造，一定要大家集合起来才能生活，所以能够调和。一国之内，没有斗争，没有党派，也没有革命，更不需特殊的支配阶级。

蚁的幼虫和蛆相似，软弱得很，连脚都没有。在未化蛹以前，一切都须母蚁照顾，因此母子之间，已形成一种小范围的共同生活。幼虫长成后，再同样养育第二代的幼虫。最初小小的家族，后来逐渐发展成由一母所出的许多子孙团结而成的国家。一代一代下去，小孩多到无数，若再不分工，母蚁已照顾不了。于是，只一小部分雌蚁照旧生殖，其余大部分，专心养育孩子并做与养育有关的许多事务，不再去闹恋爱和生殖。这样经过无数世代，这些年轻保姆的生殖器，因持续不用而退化，身体也因适应这种特别生活而发生变化，这就是蚁社会里的劳动者（工蚁）。这劳动群的出现，在蚁类社会生活的完成上有重大的意义。

蚁类社会中，包含形态和工作不同的雌蚁、雄蚁、工蚁三类成员——像黑大蚁等，还有头大颚强，专任护巢的兵蚁。工蚁无翅，我们常见它们在巢房旁奔跑，或排队而行。它们专从事于巢的建造、修缮，孩子的养育，食料的采集、贮藏，巢的守卫等工作，是蚁类社会的中坚力量。雄蚁和雌蚁都有翅。雌蚁有好几只，通常叫它们女王，其实它们不会发布什么命令，行使什么权力，只努力产卵，并在迁移时哺育孩子。雄蚁非常蠢笨，连同伴和敌人都分不清楚，更不用说劳动了，除生殖时期外不出巢门，真是一种生殖器械。从外形看来，雌蚁身体最大，工蚁最小，但工蚁的头要比雄蚁大得多，和雌蚁相差不远。三种蚁的脑髓发达状态和精神活动，以头部的大小为比例，那是无须说的。

雌蚁　　雄蚁

工蚁

二　蚁巢

蜜蜂和胡蜂能够用蜡和木浆，制造六角形的巢房，但蚁巢的构造毫无一定，极不整齐，看了地势，应了天时而千变万化。造巢的地点因种类而异：有的在石下，有的在朽木下面，有的在树皮下面，还有些造在地下。

造地下巢时，蚁用上颚挖掘。掘下的泥块务必运到远方，免得成为巢口的标识，易被敌人找到。巢口有时开在草地上，有时用泥块塞住。地下有坚固的墙壁、平滑的地面、大大小小的房间、曲曲折折的回廊，有的更依着垂直的隧道，房屋造成好多层（有深达 10 余尺的），冬季寒冷，便住在深处，夏天燥热，又迁到上层来。

在少石而保温不易的地方，巢口便造起一种稍高的塔，称为蚁塔。多是用湿的泥粒和草茎苔屑等建造而成，也有用松针堆成的。蚁塔都向东南，受朝日的光，以增加巢内的温度。凡是天气炎热的热带地方，便看不到蚁塔了。

福来尔博士所研究的阿尔香地方的一种蚁巢，有六个巢口，周围都有高高的蚁塔，巢口和巢口的距离是 3 米到 10 米，这些巢口都有隧道通到地下 2 米深处。这巢的全面积约 20 到 30 平方米，各门口的正下方是仓库，这是全巢的仓库。

有些蚁造巢于树上。它们在树皮下造一条隧道，再在树皮上穿一孔作为进出口。像那种大蚁，原在朽木中造巢，但若活树中有空隙，也会去造巢的。台湾有一种很小的举尾蚁，在树梢造一个球形的马粪纸似的巢，大的直径有七八分米，粗粗一看，可能会错认作胡蜂巢。这巢是蚁啮碎树皮，混入自己分泌的唾液而造成的。巢内往往有暗色、带天鹅绒光泽的菌丝，这是蚁嗜好的食物。东南亚还有一种裁缝蚁，用孩子吐出来的丝缝合叶片造巢。

三　蚁的感觉

蚁类不仅能建造复杂的房屋，组织完密的社会，还能畜养蚁牛，培植菌类，播种谷物，役使奴隶，有别的昆虫不能及的智慧。现在先把它们各种感觉器官的能力来调查一下，且看究竟发达到怎样的地步。

蚁究竟有没有痛觉，的确还是一个疑问，即使有，也很微弱——因为它们被截去了腹部，还有舐食蜜汁的食欲。它们有听觉吗？各昆虫学者虽在研究，但蚁的听觉器官存在何处，现在还未明白。

嗅觉的发达，这是已由种种实验证明了的。蚁凭嗅觉能够辨出物质的形态、硬度、高低、方向，有我们想不到的一种辨认力。我们是用两只眼睛看的，所以竟不会想到，除眼睛之外，还有许多"看"法。蚁看物时，除视觉外，触觉、嗅觉也一定有帮助。

蚁的眼睛也和蜻蜓的一样，是由几千只小眼集成的。不过雌蚁和雄蚁的小眼数要比工蚁多些，因为空中结婚时，眼睛是发现异性的重要器官。

触角，不论对哪种昆虫都是很重要的，对蚁尤其有特殊的用处。当两只蚁要传达意思时，就全靠这一对触角。据福来尔博士所记，蚁在触角的打法中，有八种信号：一是传遍全体时的信号，这是从甲到乙这样传过去的；二是获得甘露时的信号；三是指示前进方向时的信号；四是指示食物所在时的信号；五是攻击或遁逃时的信号；六是通告某一定地带发生危险时的信号；七是镇抚骚扰时的信号；八是出征时的信号。

现在有各种扩声机发明，若拿去研究蚁的触角打法，也许能发现种种有趣而特别的音。用这种扩声机听我们心脏的鼓动，宛同雷鸣，那么蚁的触角相击，也许能听出有各种不同的音调。这种研究，谁也不曾计划过。不过研究时该用产在热带的大蚁。

蚁怎样定方向呢？关于这个问题，曾进行过种种试验。现在已确实知道，它们前进的方向是由太阳的位置指导的，而且好像月光、星光也用来定方向。我们试把蚁的队伍搅扰一下，纷乱了一会儿，立刻又恢复原状。它们的队伍，有时长到半里光景。

蚁的社会里还有一种游戏：它们若有某种愉快的事情，便做一种信号，互相用触角巧妙地拂拭。它们有时也贪着午睡，这时，若有什么事情发生，同伴便用触角敲打，催它起来。

蚁是一种有洁癖的昆虫。巢内若有虫粪、食物的残屑，就赶快丢到巢外，它们常常留意着，不要使触角沾染尘埃。它们用掌（跗节）和腕（胫节）摩擦面部，仔细地拂拭触角，揩净口器，还怕惹同居者的厌恶，更把身体从上到下揩拭清洁，凡是嘴和脚碰不到的地方，就互相擦几擦。我们常在蚁巢附近，看到它们这样细细化妆。

四　空中结婚

她必定向没有小鸟打搅的地方飞翔。她再向高飞，于是，从下面追上来的雄群，稀薄了，零落了。弱者、残疾者、老者、发育不完全者、营养不良者等，绝望了，在空中消失了。在云霞般无限数中剩下来的，只精力绝伦的小群。她再用尽最后的余力，看吧！以不可思议力而当选的，追着她、捉住她、征服她了。他们用两重翅力支持着，抱合了向上飞翔，在相对的恋的狂热中，盘旋乱舞。

这是有名的诗人梅特林克描写蚁类空中结婚的美文，词句优美，情景逼真，所以就借来做这节的引子。

当"南风吹、大麦黄"的初夏时节，蚁巢中便有许多生着翅的蚁（繁殖蚁）孵化出来了。这些翅蚁就是雌蚁和雄蚁，都比工蚁要大得多，而且有翅，所以一看就能辨别。雌蚁的头部和腹部比雄蚁大，也容易区别。刚羽化的翅蚁，翅膀和身子都很软弱，要慢慢地硬起来的。

晴朗的午后，广大的蚁塔顶上或巢旁隙地，有刚从蛹壳蜕出的翅蚁欣欣地挤轧着。从狭狭的门口窥望艳丽的阳光，你挤我推，终于挤了出来，在门口边散步；有的半张着薄绫似的翅东奔西跑，弄得做保姆的工蚁手忙足乱，追赶这般顽皮孩子，捉住它们的脚和触角拖向巢中。一天复一天，到外面来的散步青年，也渐渐多起来，做保姆的更加觉得号令不动了。

闷热的夏天午后，青年雌雄蚁的恋爱激情已达到顶点，突然，有千百成群的翅蚁从巢口涌出来，集成黑簇簇的一堆，遮住了巢，遮住了附近，拍着银光的美翅，向树枝草茎飞去。这时节，保姆真是焦急万分，东奔西跑，但要使这等因恋爱而发狂的青年们再归平静，已不可能了。

不久，这些青年向广大无边的天空礼堂飞上去，再在空中集合，作恋爱的乱舞（婚飞）。婚礼是凡住在这一带地方的雌雄蚁全体参加的，所以在乱舞中的蚁群，真同云霞一般。

空中礼堂，充满了热爱和欢喜，全没有地上的憎恶、敌意。即使在地上是仇敌，这时也同祝一生一度的盛典。

雌蚁在这一天中和许多雄蚁相交，受得终生不缺的大量精子。雌蚁的腹部有一个精子囊，专藏爱人们的精子，几年都不坏。雌蚁可以随时照自己的意思，产生受精卵和不受精卵。

蚁的空中结婚，实在多少有一点优生的意味，因为这时可和别团体的强健的蚁结婚，而产生生物进化上必要的杂种。就进化程度讲，蚁的确立在虫界的顶点，也许就是空中结婚的缘故。

五　育儿

空中结婚完毕，又降到下界。新郎雄蚁凄清地在地上彷徨，再过两三小时，至多两三天，便死去了。

新娘雌蚁潜入地中或树皮下，造一间小小的房子，和外界断绝一切交涉，开始过它的隐遁生活。不过这隐遁生活不是厌世，不是逃罪，而是为了养育孩子。从卵孵化出幼虫到变为成虫要一两个月，这期间，做母亲的雌蚁绝不外出，也不采集食物，专心保护和养育孩子，没有片刻休息。

那么这一两个月的漫长时期，即使雌蚁绝食，养幼虫的食物又怎样办呢？雌蚁曾在空中飞过的大翅，这时已成无用的废物，就将它摆落，这上面有鼓翅用的大肌肉。可怜的母亲，消费这肌肉和预先贮藏着的脂肪等，以保全自己的生命和养育孩子。

这样长成的蚁，都是工蚁，而且因为营养不良，所以身体瘦小。这工蚁立刻在小房间的墙壁上穿一个洞，到外面去运饵养亲。此后，有的走到母蚁身边，用食料喂它；有的建造新屋，扩张巢穴。于是，母蚁恢复健康，精神振作，专门产卵了。产下的卵，工蚁立刻搬到新房间里去，一心保育。此后所生的幼虫，要由做姐姐的蚁们养育了。

在红日初升的早晨，工蚁将卵、幼虫、蛹搬到近地面的房间，傍晚又搬到下层房间去，降雨时也搬到下层，以避水患。若突然将盖着的石片、朽木拿去，工蚁就大起恐慌，丢下一切，衔了卵、幼虫、蛹去安全地带。可见它们姐弟妹间的感情，并不低于母爱。

六　搬家

当蚁巢被顽皮孩子掘穿，或有霉类侵入，或造在树干上的巢为啄木鸟所袭时，蚁们就另求安全地点而开始搬家了。

夏日在田园中散步时，常看到有蚁的队伍。这种蚁队，大概可分两类，一类是搬运食料回去，另一类是搬家。而搬家时，蚁们必定衔着白色的小卵、幼虫、蛹，所以很容易辨别。

将要搬家时，工蚁先分头在附近奔跑，找寻适于居住的场所。找得后，立刻回去，着手搬运幼虫和蛹等。同伴若不知道新住所在哪里，就由发现者领导了去。它们的领导法很有趣，就是衔了去。我们常常看到领导者用自己的上颚，咬住了被领者的上颚，倒退一拖，被领者就翘着腹部，倒挂在领导者的体下。于是，它就衔着同伴，一路向新住所跑去。有几种蚁，搬法有所不同，领导者咬住同伴的背脊，同老猫叼小猫一样。

这样被衔来的工蚁们，先将这住所查看一遍，然后赶忙依着刚才的来路，一直线地跑回旧巢，搬运幼虫和蛹，或再引导同伴。

工蚁们将新住所准备完成后，要引导女王和雄蚁到这里来。但它们的身体要比工蚁重几倍，总不能咬住了运。因此，工蚁咬住了女王等的上颚、触角、脚等，一面倒拖，一面让它们认识新住所的方向。女王就是这样被引导着到新住所的。

搬家要两三小时乃至一昼夜方才完毕。这时，全家协力，有的搬运，有的开掘新隧道，而并无什么争执和不平，真是全体一致总动员。

七 武器

谁都知道蚁是好斗的昆虫。它们常常为了蚜虫的甘露、昆虫的尸首或是地盘而拼命争斗，所以身上都带着战斗用的各种武器，但也因种类不同而有各种形式。

（一）脚。蚁脚的敏捷超乎想象，有时简直运脚若飞。我们到新加坡、爪哇等地方去旅行，见了那些蚁的活动情形，真是吃惊，你想去捉在路上走的一只大蚁，它的同伴就箭一般飞来，在你手上咬一口，它的行动，快速得让你看不清楚。这等敏活的脚的动作，就是勇敢的行动、攻击的态度的根基。

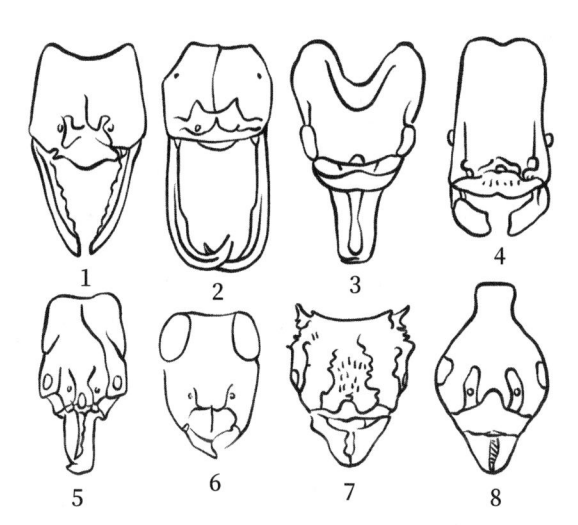

1. 米斯利姆蚁；2. 爱克顿蚁；3. 恶同笃马克斯蚁；4. 农蚁；
5. 另一种恶同笃马克斯蚁；6. 另一种农蚁；7. 割叶蚁；8. 有齿上颚。

（二）上颚。蚁的第二武器是它的上颚。形状千差万别，有适于搬运用的，穿孔用的，切断用的等。有些不仅能咬，还能作威吓用，同时又作跳跃用。还有几种蚁，上颚有长短两枚，短的搬运时用，长的供攻击和防御用。像那种农蚁和大头蚁，上颚的构造不仅适于切断种子和猎物，还可咬住敌人或屠杀敌人。上颚锐利的，适于切断树叶，同时可供切碎敌体用。上颚末端有刺的，适于搬运、造巢、咬住大蚁。像爱克顿蚁这样上颚弯曲的，与其说因和别种蚁争斗，倒不如说因攻击哺乳动物而发达的。

（三）毒刺。有毒刺的蚁也不少。这对于有结缔质体躯的敌人好像毫无用处，可是，像属于蚁亚科的蚁，腹部比较柔软，若遇这等蚁时，用毒刺屠杀毫不费力。总之，不管身体的哪一部分，只要毒刺刺得进去，就一定能将这敌人杀倒。所以有毒刺的蚁见了敌人，常常举起尾端，做刺螫的准备。

（四）毒液。属于蚁亚科的都没有毒刺，只尾端有毒腺。这腺分泌蚁酸，贮藏在贮液囊里。我们发掘蚁巢，有时臭气扑鼻，这就是蚁酸的缘故。这种蚁酸毒得很，若涂上蚁身，不论分量如何，立刻倒毙。像那种赤蚁常滥用这毒液，反之大蚁、黑蚁是不大用的。

有一种大蚁能举起后肢，对着在某距离内的敌人准确地发射毒液。香蚁和二节蚁中，毒腺多退化，另有一种蚁肛门腺很发达，从这腺分泌出来的汁液有一种香气，而且不久便像树脂般凝固着。将这液涂在敌人的触角上，能破坏它的嗅觉机能，仿佛我们放催泪瓦斯，妨害敌人视觉。香蚁为达这种目的，腹柄细而灵活，可以向任何方面旋转。因此，腹柄上的鳞状部并不发达，即便有，也是退化得非常扁薄。

（五）五官。辨认敌蚁和友蚁，全仗五官的活动。而五官之内，尤其是嗅觉，最能指导蚁的行动。若将司嗅觉的触角切断，那么它什么行动都不中用。触角上有感觉孔、触毛、栓状突起，上面都有神经末梢分布。它们能够战斗，全靠这发达的嗅觉。

八 同种间的战斗

蚁类的战斗性，常因种类、数量、离巢距离而有强弱。像爱夫爱圣司蚁（又称武士蚁），即使在千百成群的敌阵中也毫不畏惧；又像切叶蚁，连保护自身，防御巢穴的战斗能力都没有。蚁巢中蚂蚁数量越多，蚁类的冒险心、攻击心越炽盛。小蚁刚造巢时，胆很小，即使塞住了巢，也多躲着不敢争斗。蚁离巢渐远，勇气也渐丧失，若在自己巢口，又遇到同伴，立刻胆壮起来。

战斗中也有防御和攻击两种：像拖着身躯迅速地逃走，缩着脚装死，将巢移到远处，用土块等堵塞巢口等，都是弱蚁在防御战争时应用的兵法。至于巢口设置守卫，用上颚防御，像赤蚁在傍晚用木片闭塞巢口，早晨移开，那更是防患于未然了。

勇敢而嗜斗的蚁，多采用攻击战略。它们巢穴广大，人口众多，战斗的目的是要通过破坏的行动来扩张领土，有时是为了争夺有蚜虫栖息的牧场。

它们的战斗也和人类社会一样，不能照着预期而成功。有时双雄相遇，旗鼓相当，大家杀得人困马乏时，虽胜负未定，也会突然停战。它们的讲和条件，好像是说定将来双方不得再侵略领土，但记忆常会跟着时间的流逝而淡下去，于是第二年，再来一次大厮杀。

同种间也好战斗的，是赤蚁类，它们双方的战法，也一模一样，而且常发生在两巢相近的时候。现在把福来尔博士所观察到的，大略记述在下面：

这里有同属于山中赤蚁的甲、乙、丙三巢。甲巢的住民，比乙、丙两巢少。乙巢在甲巢的左方，相离1米，丙巢在甲巢的右方，相离3米。它们都还没有孩子和蛹。

早晨八点钟左右，乙蚁向阳取暖，并无何等异状。甲蚁也开了巢口，往乙蚁这儿走。可是，误走入甲蚁群中的乙蚁,立刻被捕,受毒液的注射,最后被杀死。还不到半点钟,像有什么警钟似的,乙蚁逐渐兴奋起来,有些工蚁,向甲巢门口窥探一下,立刻回来,大概是警戒同伴。同时,甲巢的蚁,本在和平地晒太阳,也立刻开始准备,在附近草原上布起战阵。

起初虽是前锋小接触,但的确像激怒了乙蚁,都有奋身赴战的态度。它们组成密接纵队,开拔到甲巢的左侧,帮助同伴,捉住敌人拉到阵后去屠杀。这时,甲蚁的战阵也完全布好。从八点半到九点半,阵地不变。甲巢逐渐增添援兵,战斗越发起劲。甲巢蚁虽少,采取防御战法,但决不退却。

单行的前卫,由三至七只蚁组成。它们都贴地伏着,努力将敌人向自己阵地拉去。同时,工蚁也弯曲着尾尖,发射毒汁,来拦住敌人的攻击。当战事方酣时,竟有蚁咬住了自己的同伴,误认作敌人,后来由触角认清是同伴时,方才不发射毒汁而释放。一入混战状况,便有种种事故发生,这些都是由认识不足而起。这时,无非是双方被拉到敌阵,被屠杀罢了。

小小的工蚁,若碰到兵蚁,吃它上颚一击,立刻头破胸穿。它们逐渐结连锁状的阵,向前移进,为征服乙蚁而奋斗。甲蚁这时捕获的俘虏虽不多,但留在巢里的蚁群倒很平静,好像不知道外面已起了变故。

一过九点半,乙蚁勇敢地反攻,冲破甲蚁的前卫,逼它们退到离巢只半分米光景的地方。这里有枯叶、小枝,可作为堡垒,守住最后的阵线。这时,甲巢中起一种悲哀的动摇,因为敌军已临城下。巢边的工蚁,张着上颚,把触角摇几摇,左右前后乱窜,好像它们要弃巢而逃似的。可是,正在这危急万分的当儿,它们的兵蚁像听到什么警钟似的,从各房涌出来,有决不使领地寸尺让人的气概。它们延长前阵的两翼,对乙蚁做侧面攻击。乙蚁虽已捉得几百俘虏,但始终不能冲开甲蚁的后阵。战事愈酣,领土的一部分,已被蚁的连锁队掩住,呈混战状态。

到十点半左右,在枯叶、小枝前面的乙蚁看去已经支持不住。它们不得已抛弃以前占领的场地,缩短防线,退却了。甲蚁不管乙蚁的反抗,乘胜追击。到十二点左右,甲蚁终于冲到了乙蚁的大本营。这时乙蚁起纷乱状态,向周围牧场间东奔西窜地乱逃。换一句话说,甲蚁已征服了乙蚁,战斗已告结束。甲蚁中止追击,这是什么缘故呢?因为丙蚁也在草荫下布好战阵了。

甲蚁乘胜再向丙蚁挑战。丙蚁没有援兵,甲蚁已战得十分疲劳,所以甲蚁只取守势,并不进攻,而丙蚁已开始退却。到下午三点钟左右，它们已有逃避的行动表现出来。这次战斗，终因战士的缺乏而草草终结。

两天之后，福来尔博士将一群甲蚁放在丙蚁临时巢的近旁，让它们去包围。甲蚁就把丙蚁从巢中拖出，杀死大半。这剩下的小群丙蚁，也同乙蚁一样逃避，到某处再筑小巢，在内住居。这里应该注意的是，这种山中赤蚁常会乘胜追击，对半死半生的敌人都不肯放松。

九　异种间的战斗

蚁类中的战法，因种类而各异，所以若战斗发生在异种间时，也是五花八门，好看得很。

前节讲过的那种属于蚁亚科的山中赤蚁和塞苦尼亚蚁的战斗状态，要算最好看。塞苦尼亚蚁没有什么前卫等，是采用急激突进攻击法的。当山中赤蚁集成一团，做前进攻击时，塞苦尼亚蚁退却，回敬一个拿破仑式的侧面攻击。有时以可惊的勇气冲过后卫，直捣中军，将在左右前后的敌人一齐推倒。可是，这种行动并不是无规律的，而且对于在混乱中窜逃的敌人毫无伤害。所以塞苦尼亚蚁的作战法，无非是要搅乱山中赤蚁的密集团体。当塞苦尼亚蚁以不及半数的兵力顽强攻击时，山中赤蚁已浪费许多精力和时间，疲惫不堪了。

机敏的塞苦尼亚蚁，一看到敌人的弱点和狼狈相，就趁虚做勇敢的袭击。它们能单身冲入敌阵中，以加倍的速度和勇武的左冲右突，将敌人推倒。山中赤蚁因援兵不到，张皇失措，露出无法保护孩子的狼狈相时，塞苦尼亚蚁猛然飞奔过去，抢夺孩子。即使敌人是小小的工蚁，或是单枪匹马，山中赤蚁已没有去夺回来的勇气。塞苦尼亚蚁自觉得胜，排齐队伍，带了俘获品，悠然凯旋了。

福来尔博士曾把家蚁的巢，放在离大头蚁巢1分米处。这时，恰像巢中敲过警钟般，几百只大头蚁涌到敌人面前来。可是，家蚁方面也不示弱，身躯也强健，以压倒之势杀戮大头蚁，更进逼敌巢。只见大头蚁毫不抵抗地被咬杀，受毒刺。许多大头蚁的兵蚁来了，张着上颚，把头左摇右摆，一面示威，一面行进，家蚁终于退却。这些兵蚁提防着上颚不要被家蚁攀住，同时努力想咬它们的背部。若项颈被它的上颚一轧，家蚁的头一定滚落。但是若大头蚁的兵蚁和家蚁个对个相打，胜利倒在家蚁那边，尤其是家蚁咬住大头蚁的上颚时，它因为眼睛看不到，无法抵抗。即使家蚁退到巢里，大头蚁的兵蚁占据了这巢，但结果还是由许多工蚁将这些兵蚁的尸体拉回巢去。

据福来尔博士的研究，蚁的战斗本能不是先天的，因为青年蚁毫无战斗能力。蚁能够分辨敌人和同伴，也是颇后的事。这种辨认的根据，大概以体上固有的气味为主，而青年蚁是没有气味的。战斗性的强弱，和集团的大小直接有关系，因为敌己两只蚁在路上相遇时也不争斗，互相避开，各向一方走去。在战斗中，从双方各取出一只放入同箱中，也不争斗。反之，若从双方各取几只放入同箱中，便起争斗——但不激烈，时间也不长，不久，就结同盟了。

法国文豪罗曼·罗兰曾发表一篇题名《到蚁那边去》的著作，里面有这样一段，就引来做本节的结尾：

本能这种东西，不是进化的出发点，是中途产生的。换一句话说，本能也是随时进化的。战斗的本能，不是根深的原始的东西。蚁类里面，尤其有战斗蚁的种类，常将本能进行训练和改进。不想，人们本以为自己君临一切，但比人类社会更进步的蚁类社会中，有许多可学的地方。只要人们肯把尘埃满布的窗子推开就好了。

十　犯罪

蚁类中也有靠种种犯罪行为而过活的。最明显的，是一种抢劫的强盗生活，就是当某种蚁采集了食物，正待运回家去的时候，突然拦住它们的去路并抢劫食物的犯罪生活。香蚁社会中大多过这种生活，它们栖息在农蚁附近，强夺农蚁采集来的食物。

它们什么时候学会过强盗生活的呢？这总不是原始的生活方式。大概，偶然在某时学得的。而且，这些蚁也不是专靠抢劫过活的。它们有时拾取别种蚁采来的食物残屑，也有的自己到森林中去吃蚜虫的甘露。它们起初把抢夺作为副业，后来因为这种生活实在惬意，于是本业荒废，副业发展起来了。

二节蚁和香蚁中的酸臭蚁常常攀到叶上，等待赤蚁们争斗而死，把尸体运回家去。大概因为它们是弱者，无力抢劫吧！所以不是纯粹的强盗生活。

偷窃生活比抢劫生活要复杂得多。最初发现蚁类中有这等现象的是福来尔博士。就是某种微小的黄蚁，在异种大蚁的巢旁造一个巢，再开通一条细的隧道，从隧道去偷大蚁的孩子吃。这隧道不妨称为盗径，因为细狭得很，大的赤蚁、黑蚁不能通行，因此无法攻击小蚁。它们即使发现自己的孩子已被拖向盗径，也束手无策，徒唤奈何。这种小黄蚁是火蚁属的一种，此外别种小蚁，也有同样做杀儿行为的。

十一　畜牧

我们人类为了要取肉、乳、毛等而养牛、猪、羊，有些为了取蜜而养蜂。蚁类社会中也有相像的行为。庭前的蔷薇上有蚜虫缀着,主人便要慌忙驱除,但竟有帮助作恶者的,这就是蚁。蚁拼命照顾蚜虫,为了要吃它们分泌的蜜。

保护蚜虫的蚁有两种:一种是黑蚁,照料蚜虫,蚜虫用长长的吻(有的吻比身子长两倍)插进树皮吸汁液,黑蚁则领受甘露,作为劳力的报酬;一种是黄蚁,不大到地上来,在树根上造巢,将大的蚜虫养在巢内。

一到夏天,蚜虫常想沿着树根爬上去。当它们爬到树根

放牧蚜虫的蚁

附近，黄蚁就在它周围建造泥墙，预防外敌侵害，有时将蚜虫拉到树皮下面。若有顽皮孩子去捣毁窠穴，蚁们便急忙拖了蚜虫向安全地带逃。有时蚜虫把长吻插进树皮后，一时拔不出来。工蚁们便一齐动手，帮它拉出。

此外，像美国的某种举尾蚁，常在松枝间造一个马粪纸似的巢，在里面养一种介壳虫，吸食它从管状突起分泌出来的甘蜜。澳洲有一种蚁，用木片在树干上造一条厚厚的隧道，在里面牧畜木虱——木虱和蚜虫相似，除能够跳跃外，触角的末端二分，也能从肛门分泌甘露，为蚁所嗜。至于小灰蝶的幼虫受蚁的保护，前面已经讲过，这里就省略了。

蚁这样饲养昆虫，喝取甘露，实在和人类牧畜、养蜂相像。

十二　农业

蚁还会巧妙地经营农业，最闻名的是北美得克萨斯州和墨西哥产的农蚁。

这种蚁能够栽培一种叫"蚁米"的植物——和燕麦相似。它们的栽培法是，将巢周围的杂草刈去，只留着"蚁米"，等待它长成结果。当这植物果实成熟时，就收获了运进巢内，贮藏在一定的房间里。虽然原始，但确实是一种农业。

切叶蚁搬运树叶

这种蚁还爱吃坚硬的果实，不过果实一抽芽，就丢到巢外去。从前有人认为是蚁在播种，经种种研究，方才知道蚁厌恶这种发芽的果实，所以才丢弃。

此外，收获种种谷物的蚁也颇不少。尤其是北美、南美、非洲等地，有种种有趣的蚁。据说有一种蚁，常把贮藏的谷物搬到巢外去晒，和我们晒谷一样。

此外还有经营特种农业、栽培菌类的蚁。这种蚁叫切叶蚁，产在南美，用树芽造成菌园，栽培一种菌类。它们巢中有四种工蚁，中型蚁外出去切取青的树叶，运回巢来。这时，它们用口咬着叶片的一端，旗帜似的竖在头上，排成了长长一行走着。到巢后，交给小工蚁。小工蚁将叶片细细嚼碎，放在特别的房内。若巢上有自然生发的菌类，也是由小工蚁负责照料的。

菌园中也有杂草和杂菌生发，所以这劳动者也颇有点辛苦。不久，菌丝渐渐伸长，尖端像圆瘤似的膨大，里面有许多富于蛋白质的养分——这就是蚁的食物，尤其是幼虫唯一的食物。这样造成的菌园，面积占全巢的四分之三。蚁类的农业，实在发达得可叹。

十三　奴隶

蚁类社会中值得大书特书的，就是使用奴隶。畜奴的蚁也不少，最有名的是武士蚁。它们把黑大蚁作为奴蚁，由奴隶们替它们造巢、采食、养育孩子。因为奴隶的寿命只有三个月左右，所以它们不得不常常出去捕捉奴隶来代替。充奴隶的蚁并无一定，总之，被征服的，就有做奴隶的命运。奇妙的是，它们绝不捕掳成虫，因为不能和主蚁同居，而且常要逃走。那些忠实的奴隶，都是由捉来的幼虫和蛹化成的。在它们巢里长大的成虫，忘却了自己的身份，服从命运，替主蚁造巢、养育孩子、采办食物。不论怎样，它们决不会要求解放和自由的。

这些奴隶的职务，不必由主人命令来分配，它们也和别巢的工蚁一样，是一种机器人。它们的操作，当然不是被什么"不劳无食"的法律束缚，它们不过比驮人载货的牛马更进一步的机械：外出，替主蚁采集食物，搬运回巢；在内，将食物喂给主人，忠心耿耿，绝不偷懒。有时奴隶被主蚁带着，去征伐自己同族的巢，攻进去，掠夺孩子和蛹。这时，它们不知道俘虏中有自己的兄弟姊妹在内，只盲目地跟着主蚁去做。这是一个个有生命的机器人，人情、道德、法律、习惯，什么都不知道。

主蚁叫饥时，奴隶立刻走来喂它。武士蚁因此养成一种依赖的习惯，若奴隶不在跟前，哪怕有这样的食物，自己都不会吃。所以若把它放在高高的树枝上，没有奴隶，它只好饿死。

关于使用奴隶，也有一时的、永久的、退化的三种：

（一）一时的使用。这种主蚁，只偶然去捕捉几回奴隶，若没有奴隶时，也会独立生活。这种形式在使用奴隶的蚁类中，算是幼稚的、未发达的。某种赤蚁使用奴隶，就是一时的使用。它们每年举行两三次奴隶狩猎，早上出发，傍晚回来。被捉去当作奴隶的，是广布全世界的黑大蚁。

当赤蚁征伐黑大蚁的巢穴时，常呈直线行进，从不迂绕，好像预先侦探过似的。在前锋的赤蚁到达黑大蚁的巢后，在全体未到齐前，绝不着手侵入。于是，黑大蚁纷乱起来，衔着孩子出巢，想突围而走。不久，因为赤蚁要抢孩子，不免有一场肉搏。但是，黑大蚁到底敌不过赤蚁，赤蚁就乘胜涌入巢里，抢夺大的孩子和蛹。它们循着原路回来时，嘴里都衔着孩子和蛹，列队而行。这些掠来的孩子中也有将来可成女王和雄蚁的，这些都被它们吃完，只留下可成工蚁的。不久长成，就是奴隶。

真奇怪，从妈妈手中被抢去的孩子，真所谓"不念生恩念养恩"，拼命替主蚁劳作。不过，蚁类中的奴隶和人类的奴隶大不相同，没有束缚自由、强迫工作等事，它们已是窠里的一分子，生活的方式是平等的，生活权也是平等的。

（二）永久的使用。像武士蚁这样上颚退化成针状，专作战斗时的武器用，不能造巢、育儿，连食物都不会自己吃，故必须永久地使用奴隶。这种武士蚁，欧洲常能见到，在亚洲也分布很广。它们捕获奴隶的远征总在午后，而且充奴隶的也是黑大蚁。使武士蚁口器这般退化的原因，是像拉马克所说，是使役奴隶的结果呢，还是像吉弗利斯所说，是突然变化而成的呢？现在大家还在争论不决。

（三）退化的使役。欧洲有一种威蚁，上颚变化，末端同镰刀似的尖锐，将家蚁作为奴隶，它们常在夜里带了奴隶，出发征伐家蚁，冲锋陷阵全靠这班奴隶。真不懂，这样弱的威蚁，在原始时代，怎样征服强的家蚁，又怎样使用它们的呢？有一种威蚁，已经不捉奴隶，纯粹过寄生生活了。所以，使用奴隶的那种威蚁，若退化状态再稍稍进展，该有什么结果，就能想象得到了。这种就叫作退化的使役。

蚁类社会中和我们人类社会最相像的，就是这种畜奴制度，这是在别的生物界中所不能看到的特殊现象。主蚁和奴隶间的服务情形也大有差别：某种奴隶，反而受主蚁不少的帮助，像那种赤蚁的奴隶，看去好像颇快乐似的；反之，武士蚁的奴隶则颇辛苦，不论巢内巢外，全要服役。

奴隶蚁是主蚁的重要财产、手足、工具、机械，故主蚁也周密地保护它们，当搬家时，也把它们衔了走。

十四　贮蜜

蚁类中，也有像蜜蜂一般，采集花蜜而贮藏的蜜蚁。

蜜蚁的工蚁有两种：一种和普通的工蚁一样，是劳动者；另一种肚子大得很，完全是贮蜜的桶。普通工蚁外出去孜孜不倦地活动，从草木等吸蜜回来，嘴对嘴地将蜜交给贮蜜蚁，贮蜜蚁将蜜藏入嗉囊：贮蜜越多，肚子越膨胀，最后变成一个圆球。

贮蜜蚁住的房间是一定的。凡肚里装满了蜜的，就挂在天花板上，看去真像一排一排的葡萄。有时它们从天花板上落下来，自己无法爬上去，于是许多工蚁一齐动手，将它们扛上去。

那么这许多蜜是从哪里采来的呢？大部分不是从蚜虫身上榨取的，而是从有几种寄生小蜂的幼虫在树叶上造成的虫瘿采集来的。这种虫瘿，夜里分泌甘露，蚁去舔舐，装得满肚回巢。

这种蚁住在美洲和非洲的沙漠地方，或干燥期很长，一时无法向外界求蜜的地方，所以工蚁趁有蜜的时候拼命采集，交给贮蜜蚁保存。到外界无蜜时，巢内的蚁都到贮蜜蚁的房间里来求蜜，于是，贮蜜蚁立刻嘴对嘴吐出蜜来喂它们。

工蚁嘴对嘴地将蜜交给贮蜜蚁

图书在版编目（CIP）数据

昆虫漫话 / 陶秉珍著. -- 贵阳：贵州人民出版社，2025. 5. --（科学家写给孩子们）. -- ISBN 978-7-221-18220-3

Ⅰ. Q96-49

中国国家版本馆 CIP 数据核字第 2024C177H4 号

KUNCHONG MANHUA
昆虫漫话

陶秉珍 著

出 版 人	朱文迅	选题策划	北京浪花朵朵文化传播有限公司
出版统筹	吴兴元	编辑统筹	尚 飞
责任编辑	陈 章	特约编辑	卢星童 贺艳慧
装帧设计	墨白空间·瑞文舟	责任印制	常会杰
出版发行	贵州出版集团 贵州人民出版社		
地 址	贵阳市观山湖区会展东路 SOHO 办公区 A 座		
印 刷	河北中科印刷科技发展有限公司		
经 销	全国新华书店		
版 次	2025 年 5 月第 1 版		
印 次	2025 年 5 月第 1 次印刷		
开 本	880 毫米 ×1230 毫米 1/32		
印 张	7.5		
字 数	137 千字		
书 号	ISBN 978-7-221-18220-3		
定 价	30.00 元		

后浪出版咨询(北京)有限责任公司 版权所有，侵权必究
投诉信箱：editor@hinabook.com fawu@hinabook.com
未经许可，不得以任何方式复制或者抄袭本书部分或全部内容
本书若有印装质量问题，请与本公司联系调换，电话：010-64072833